海の生き物が魅せる愛の流儀

目次

はじめに——海のLove Story

本書はダイビング専門誌『月刊DIVER』において、2016年12月号から約3年間連載した「愛の流儀」を元に写真を再度選出し、追加撮影を行い、加筆修正したものである。さらに12種のストーリーと、繁殖に関するコラムを新たに書き下ろした。

さて、生き物の撮影の中でも、生態撮影はネイチャー分野の王道中の王道と言われている。一瞬のチャンスを写し止め、その生息環境も入れ込む。生き物に精通していなくてはならないため、探求心やくじけない信念も必要となる。中でも繁殖時の撮影は「決定的瞬間」の代表であり、私もその瞬間を追いかけてきた。

他方で、もう一つ大切にしているものがある。それは影の決定的瞬間ともいえるアザーカットの撮影だ。ミヤケテグリのペアが産卵のために泳ぎ上がろうとする「愛のリフト」（21ページ）などがそれに当たる。たとえ産卵の瞬間ではなくても、

1｜アカハラヤッコ

お互いを見つめ合うようなまなざしから、その後のストーリーを心に描かせることができるのではないだろうか。

そのアザーカットの撮影に専念している中で、愛らしいシーンに出くわしたことがある。沖縄でアカハラヤッコを追いかけていた時、オスの求愛がエスカレートしてくると、腹部が赤からピンク色に変化していくメスを何度も見かけた（1）。すべてのメスが同じように変化するのなら、繁殖本能による無条件反射なのだろうが、タイミングや色の濃淡はまちまち。劇的に変化を見せるメスもいれば、ほとんど変わらないもの、さらにオスからの求愛を受け入れても、体色を変化させずにその場から去っていくメスもいた。もしかしたら彼らにしかわからない愛情表現なのか、はたまた、好みや相性のようなものがあって、サインを出し合っているのか。

いつの日か科学の力で、彼らの〝ドキドキ感〟とか〝恋心〟が解明されるのを願っている。彼らが恋の駆け引きをしていると考えるだけでも楽しいではないか。そして、アザーカットから多彩な Love Story を感じていただけたら、これにまさる喜びはない。

本書の使い方とテーマ曲

本書では、被写体ごとにデータを添えている。私が30年来、生態撮影を行う中で導き出したものだ。「**遭遇率**」は★１～３まで設定し、多いほど遭遇率は高い。「**観察できる海**」「**繁殖シーズン**」は、地球温暖化の影響などで今後変化する可能性がある。「**撮影のコツ・難易度**」は、カメラ初心者にもわかりやすく解説しているのでぜひ参考にしていただきたい。

そして、本書に書き入れた「**テーマ曲**」なるものを説明したい。闇の中で探し物をするような生態撮影は、10年以上の年月を費やしても解明の糸口すら見いだせないことも多い。そんな状況においても、私がモチベーションを得る方法の一つが音楽を聴くことである。音楽には、揺るがぬ心や想像力を与えてくれる力がある。例えば、目的地に向かう時＝「いい日旅立ち」（1978）山口百恵、構想やストーリーを練る時＝「グラン・ボヤージュ」（2022）加古隆、挫折の日＝「The Long and Winding Road」（1970）The Beatles、勝負をかけて潜る時＝「Danger Zone」（1986）Kenny Loggins（映画「トップ・ガン」主題歌）、撮影が成功して至福の夜＝「Taking a Chance On Love」（2004）Renee Olstead、そして、被写体ごとのテーマ曲も決めてあり、本書の原稿もテーマ曲を聴きながら執筆しているのは言うまでもない。

＊カッコ内はリリース年。

海の中の恋愛事情

婚姻システム

海の生き物たちのLove Storyの扉を開く前に、そもそも彼らはどんな繁殖行動をとっているのだろうか。人間に婚姻制度があるように、海の中にも似たようなシステムがあるのか？　よく泳ぎ回るもの、あまり動かず行動範囲の狭いもの、多種多様な生き物たちが暮らす水中の婚姻システムは多彩である。

一夫一妻…特定のオスとメスが一対一でつがい関係を持つ。水中生物の場合、繁殖期だけつがいになる期間限定型がほとんど。生涯にわたって関係を維持するカブトガニ（12ページ）、さらには繁殖期以外でもその関係を維持するイシヨウジ（158ページ）のようなものもいる。

一妻多夫…1匹のメスに多くのオスが産卵に加わる。集団産卵を行うベラ類やクサフグ（122ページ）などの他、チョウチンアンコウに代表されるように、1匹のメスの体に多くのオスが噛みつき、最終的にオスがメスの体に融合するものもいる。

ハレム型一夫一妻…集団で暮らすが、繁殖に参加するのはオスとメスの1匹ずつ。クマノミがこれに当たるが、キンギョハナダイ（130ページ）のようにハレム型一夫多妻も多い。

縄張り訪問型複婚…繁殖期になるとオスが縄張りを作り、複数のメスがその縄張り内で暮らすか、そこに訪問して産卵。メスが不特定のオスの縄張りを訪問して産卵するものも。レンテンヤッコ（42ページ）やスミレヤッコ（110ページ）などのヤッコ類、カワハギ（90ページ）、ホンソメワケベラ（94ページ）などのベラ類、デバスズメダイ（146ページ）などのスズメダイ類に代表され、海の中で最も多い繁殖形態と思われる。

非縄張り訪問型複婚（乱婚）…オスは明確な縄張りを持たず、条件のいい産卵場所にオスとメスが集まり、各々が産卵を行う。オス同士の縄張りを巡る闘争が少ないのが特徴で、シリヤケイカ（62ページ）やアミメハギがこれに当たる。

事実は小説より奇なり

多様な婚姻システムで夫婦の契りを交わし、次の世代へと遺伝子をつなぐ生き物たち。ところが、長い年月の観察の中で、想像外のことが繰り広げられることがある。つまり、実際は大きくて強いオスだけがモテモテで子孫を残せるわけではなく、またメスも強いオスだけを選択しているわけではないという事実だ。実際に、メスが自ら小さく弱そうなオスの元に泳ぎ寄り、最終的に産卵まで至ったのを目撃したのは一度や二度ではない。

　これを私なりに考察してみた。確かに強いオスの遺伝子は、種の存続・繁栄から見ると優位であることは自明の理である。しかし、強いということは敵を多く作ることにもなる。すなわち、縄張りの確保やメスを巡るオス同士の闘争など、戦いの日々を過ごすことにつながることは想像に難くない。一方、小さく弱々しく見えるオスであっても、成熟するまで生き延びる術を持つ、戦わずして生き残る――ということは生存戦略から考えると、一つの優位点でもある。メスはその優位性を見逃さないのではないか。

　驚くべきは、多くのメスは強いオスと弱いオス、その両方の子孫を残す戦略をとっていることである。これは、個体識別ができたメスたちを観察し、導いた事実である。メスは強く生き抜く遺伝子と、賢く生き残る遺伝子、その両方に種の栄華を託しているのかもしれない。

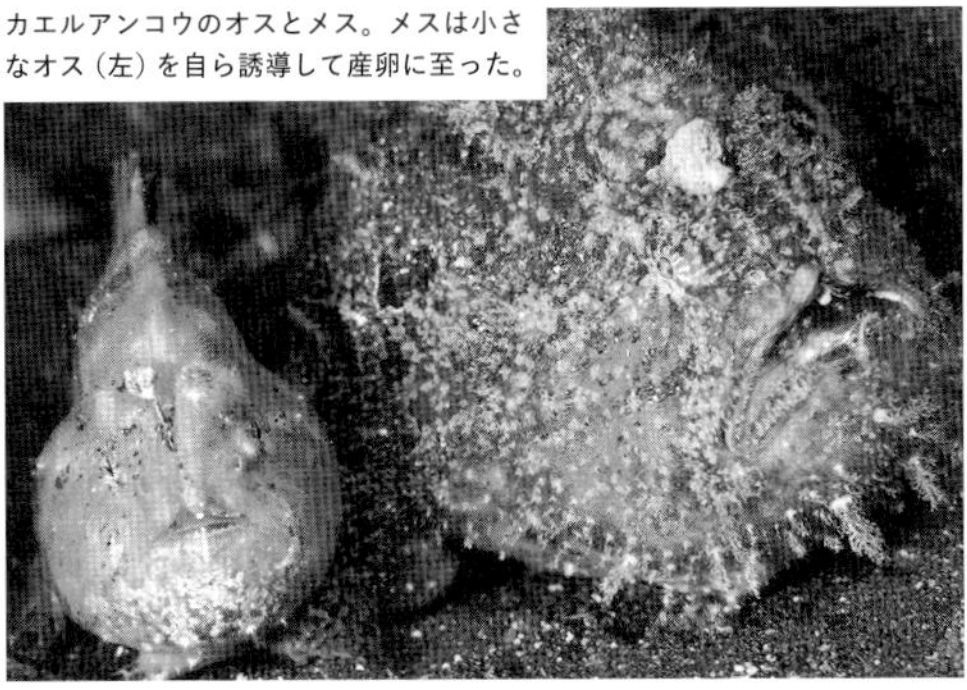

カエルアンコウのオスとメス。メスは小さなオス（左）を自ら誘導して産卵に至った。

　自らの意思で相手を選択し、次の世代に命をつなぐ――私たちが考えている以上に高度な駆け引きが存在するのではないかと思っている。

愛と進化の法則

暴走する愛

一見すると、オスが主導権を握っているように見えるハレム。メスは受け身一方のように見えるが、能動的にオスを選択することも多い。つまり、本当の主導権はメスが持っているのではないだろうか。

そのような中で、オスの派手な〝いでたち〟がメスの気を引いて選ばれると、オスたちはよりモテる姿へと向かうようになる。たとえばコブダイのオス(2)。異性を巡る競争を通じて、「大きなコブ=強いオス」という進化が起きる(性淘汰)。あるいはホカケハナダイのオス(3)のように、メスに選ばれるために背ビレを巨大化させ、体色も銀白色にして自身を目立たせるが、その進化は捕食者に狙われやすいという大きなリスクを背負うことにもなる。

このように魚たちの繁殖戦略において、メスが何を基準にオスを選ぶのかが重要になってくる。そうなると、オスはメスに受け入れられる姿や行動をどんどん加速させていく。メスがそれを選ぶようになると「もっと、もっと」と暴走してしまう(暴走進化論)、やがて目立ち過ぎて絶滅の道へと進んでしまう可能性すらある。幸い、ある程度まで進むと暴走を止めるスイッチが備わっているようだが、それほどまでに異性を巡る出来事は、生命の危機すら招きかねない一大事なのである。

暴走をやめた愛

一方で、目立つことをやめる選択をしたオスたちもいる。メスの姿をしたオス「スニーカー」の存在だ。アカササノハベラ(106ページ)など、ハレムを形成する種によく見られる。彼らが王座につくには多くの戦いに勝利せねばならず、命の危機を負うこともある。となると、戦いをせず、挑戦者の登場におびえることもなく平和に暮らすオスへの進化があってもおかしくない。コソコソと行動し(スニーキング)、メスと同じ体格と体色を持つ。ただし、これにも大きな弱点がある。ほとんどのメスは大きく目立つオスに惹かれるわけだから、産卵まで持ち込むのは難しい。そこで、縄張りオスと

4｜ミジンベニハゼ

2｜コブダイ

3｜ホカケハナダイ

5｜ウミウシ

6｜クマノミ

メスが産卵する瞬間に割り込むのだ。ちゃっかり放精するのが関の山であるが、メスが産卵をやめることはない。この状況からすると、メスはこのオスの存在を受け入れているのではないだろうか。

愛に温度差はつきもの

より多くの子孫を残したいオス、より質のいい精子を厳選したいメス。海の生き物に限ったことではないが、オスとメスには温度差（性的対立）があることが多い。たとえばミジンベニハゼ（4）。産卵後、メスは早くも次の産卵に向けて、巣穴の外に出て食事に励み、栄養補給をする。一方のオスは卵保護に注力することになり、栄養失調ぎみになっていく（86ページ）。アナハゼにいたっては、もっとすさまじい。彼らの卵は大きく、大きな稚魚として孵化するので生存率が高くなる反面、それだけ多くの栄養が必要となる。メスは何でも食べたい、オスは子孫を残したい。そのタイミングを見誤ると……続きは本編（150ページ）をお楽しみいただきたいが、オスとメスの対立は時として命がけなのである。

繁殖戦略

雌雄同体のたくらみ

私たち人類は「雌雄異体」の動物、つまりメスとオスが別個体であるが、海の生き物の中にはメス・オス両方の生殖機能を持つ「雌雄同体」の生き物がいる。その代表格がウミウシである。ウミウシは一つの個体の中にオス・メス両方の機能を持っているが、精巣と卵巣両方の器官を持っているわけではなく、両性生殖腺という器官で精子と卵子の両方を作っている。ともすると、体内で自家受精できるように思うが、生殖腺内にある状態の精子は活性化されていないため、自身だけでの繁殖はできない。

では、なぜ雌雄同体となったのだろうか。ウミウシ類は体が小さく海底をゆっくり這って移動する。つまり生息範囲が狭い。その上、発達した眼を持たないため、触覚や匂いだけを頼りに恋の相手を探すしかない。言い換えると、出会いが少ない上に行き当たりばったり的な状況といえる。

そんな中で、出会えた時に雌雄同体の出番がやってくる。2匹はお互いの体の一部をくっつけて自分の精子を相手に渡し、互いの卵を受精させるのである(5)。これなら出会った相手の性別に関わらず、どちらも子孫を残すことができる。さらに同属なら、種が異なっていても繁殖可能なものもある。

ウミウシがたどり着いた一つの進化。性の区別にとらわれない雌雄同体は、彼らの生き方に最も適合した繁殖戦略だ。

驚きの性転換

水中生物ではメスからオスへ性転換する種はかなり多い。これが「雌性先熟《しせいせんじゅく》」だ。ベラ科、ブダイ科、ハタ科などに多く、オスが縄張りを持ち、縄張り内で複数のメスと繁殖を行う一夫多妻によく見られる。縄張りを持つ力がない小型の時代はメスとして有効に子孫を残し、大きくなったらオスとして効率よく多くの子孫を残すためといわれている。

反対に、「雄性先熟《ゆうせいせんじゅく》」も存在する。ペアで繁殖を行う種に多く、大きな体になったメスが一度に多くの卵を産むメリットがあると考えられている。いずれにしても、水中生物の性転換はリスクと効率、その両翼から進歩した繁殖システムの一つである。

たとえば、ハレム型一夫一妻で触れたクマノミ(6)。一つのイソギンチャクに多くのクマノミが群れている光景はおなじみであるが、あの群れの中でメスはただの1匹、オスも1匹だけである。つまり、いちばん大きい個体がメス、次に大きい個体がオスとして性的に成熟するのだ。他の個体はオスでもメスでもない〝予備軍〟。メスが死んだ場合、オスがメスに性転換し、予備軍の中からいちばん大きな個体がオスになる。なぜそのように性転換ができるのか?

クマノミもウミウシ同様、精巣と卵巣の機能を備えた両性生殖腺を持っている。群れの状況に応じて、精巣を発達させてまずはオスとなり、メスになる時には精巣をなくし、卵巣だけを発達させる。

繁殖のために、使う生殖器を巧みに切り替えて性別を変える——このように繁殖と進化は密接に関係している。「進化の陰には、繁殖あり」であろう。

［神社脇の産卵］
海辺の神社脇で産卵するカブトガニ。2億3000万年前から繰り返されてきた愛の営み。平家も、源氏も、都を目指す薩長の獅子たちもこの姿を目にしていたのかもしれない。

二億三千万年を紡ぐ愛の物語――カブトガニ

カブトガニは「カニ」という名前がついてはいるが、カニとはまったく別のグループで、サソリなどが含まれる鋏角類《きょうかくるい》に分類されている。世界では2属4種が存在していて、日本に生息する種は現存するカブトガニ類の中で最も大きくなり、繁殖できるようになるには15年もかかる。また1日のうち9割は休息し、残りの1割は断続的に餌探しに費やされている。ある意味「食っちゃ寝」の日々である。さらに1年のうち7割は餌も食べずに冬眠しているようで、現代人から見たら羨《うらや》ましいと思うほどのスローライフを送っている。佐賀県の伊万里市、岡山県の笠岡市が「カブトガニ繁殖地」として国の天然記念物に指定され、愛媛県西条市の繁殖地が県の天然記念物になっている。いずれにせよ、多くの生息地では開発や護岸工事によって個体数が減少し、環境省レッドリストでは「絶滅危惧Ⅰ類」に指定されている。

このカブトガニ、彼らの愛の流儀はまさに純愛である。産卵の時以外でも、メスにオスがつながったような形で行動することが多く、パートナーはほとんど替えずに過ごすらしい。湾内奥の透明度が低い場所に生息し、活動時間が短い、つまり出会いの機会が少ない。そうなると出会いがパートナー獲得のチャンスである。しかし、その方法や愛の行動はよくわかっておらず闇の中である。

カブトガニ類の始祖は古生代と呼ばれる四億五千万年前に出現した。アンモナイトが大海を泳ぎ回り、三葉虫が海底を埋め尽くしていた時代、それはそれは楽しかったに違いない。そして二億三千万年前、カブトガニは今の姿になった。三葉虫は絶滅し、替わりに恐竜が闊歩《かっぽ》、干潟の隅でその唸り声におびえていたことだろう。やがて氷河期、暗く寂しい海底で身を寄せ合って寒さをこらえていたに違いない。時は流れ、都を追われ西国に落ちのびる平家一門の姿を水辺から見つめ、そして近代国家の道を進むことになった幕末、薩長の倒幕派が東に攻め上がるのを眺めていたことだろう。

21世紀の今、彼らが長い年月住んでいた場所はコンクリートで固められ、すっかり干潟の面影はなくなってしまった。眼を閉じ、朝崎郁恵が歌う『あはがり』でも聴きながら、彼らのたどってきた長い、長い、道のりに思いをはせてほしい。

共に時代を過ごしたアンモナイトも三葉虫も、恐竜も絶滅してしまった。権力者たちの栄枯盛衰も見つめてきた。だが、彼らは変わらぬ姿で純愛を貫くかのように手をつなぎ、ひっそりと悠久の時を紡いでいく。それがカブトガニの揺るぎない愛の流儀である。

カブトガニ

遭遇率　★★☆

観察できる海

インドネシアからフィリピン、中国沿岸部、佐賀県伊万里市、岡山県笠岡市、山口県山口湾と平生湾や下関市、愛媛県下、福岡市、北九州市、大分県など。

繁殖シーズン

７～８月頃が繁殖盛期で、産卵はこの時期。潮位が高い大潮回りで満潮に近い時間帯が最も産卵が多く、砂の中に卵を産みつける。夜間が多いが日中でも産卵する。水深１ｍ以内の場合がほとんど。孵化は産卵から１～２か月後の秋。

撮影のコツ・難易度

国内の繁殖地の多くは天然記念物指定地か保護地区指定で、産卵場所を荒廃させる可能性もあるので現地ガイドの帯同は必須（遭遇率も高い）。また、ストレスを極力与えない撮影を心掛けたい。産卵の撮影難易度は高くないが、孵化は場所の選定を含めて、遭遇の難易度はかなり高い。

テーマ曲

「あはがり」（2012）
朝崎 郁恵

[産卵の目印]
メスが砂に頭を入れて産卵し始めると、砂に含まれている微小の空気が甲羅にたまり、気泡となって水面に噴出する。

[秋、孵化が始まる]
満潮時近くに、5 mm ほどの幼生が砂から這い出す。その姿から、三葉虫型幼生と呼ばれている。

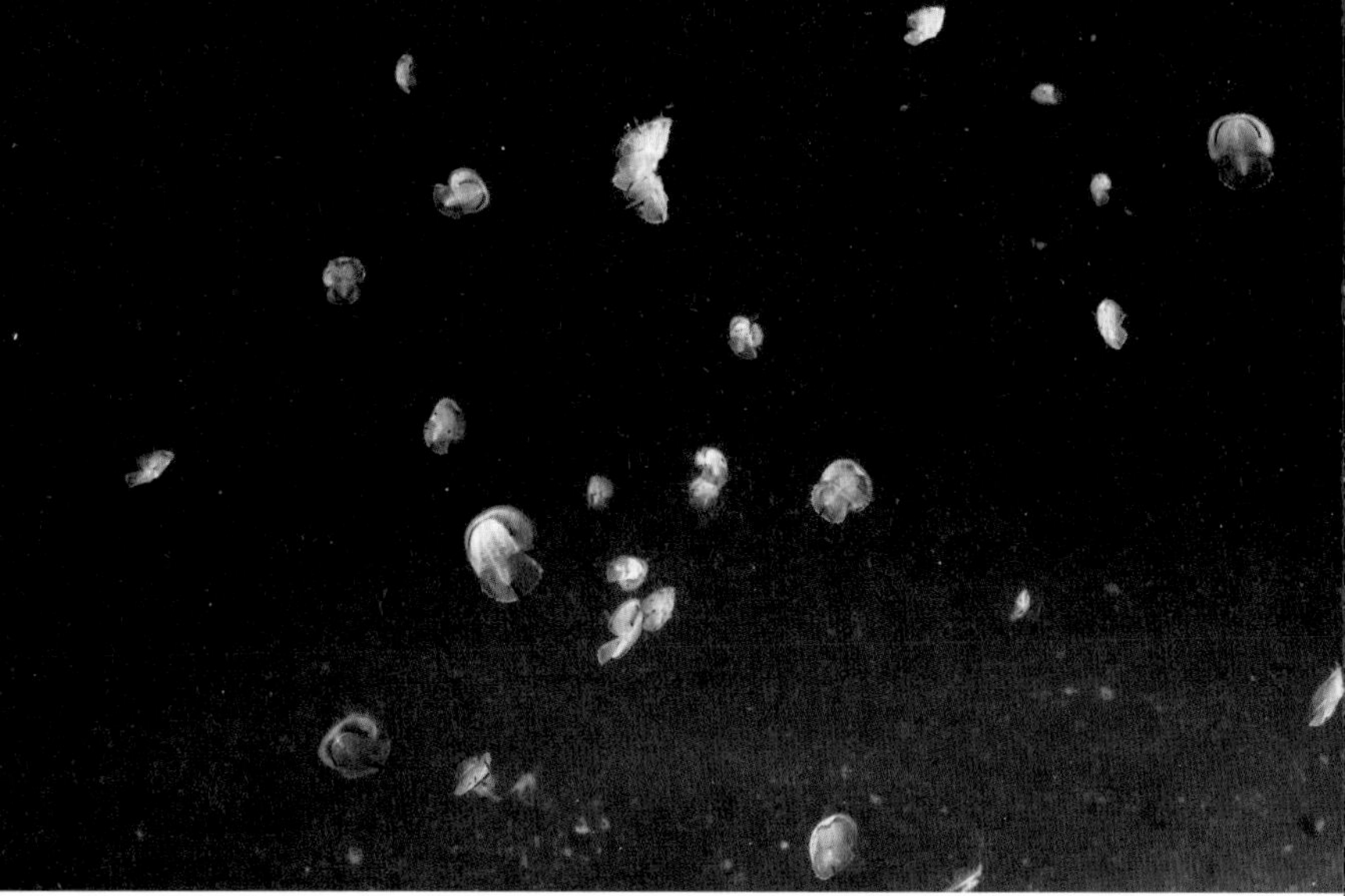

［いざ、旅立ちの時］ 砂中から脱出した幼生は水面を目指して泳ぎ上がり、流れと風を利用して分散、浮遊生活に入る。

［悠久の愛を紡ぐ］
これからも二人で手をつないで悠久の愛を紡いでいく。写真は日中産卵の様子。

［忍び寄る影］
水中に出て最初の試練。クサフグに見つかると餌食になってしまうが、うまくかわして逃げ延びる個体も多い。

［１年幼生］
干潟でゆったりと過ごす１年目の幼生。大きさは約２cmで甲は黒い。

 撮影地　山口県熊毛郡（７～９月）

Shall we ダンス？――ミヤケテグリ

ミヤケテグリは全長10㎝にも満たない小型のネズッポの仲間で、複雑な大理石模様と、オスの背ビレにある黒い眼状斑《がんじょうはん》が特徴だ。このミヤケテグリが新種記載されたのは1985年、三宅島に在住していた海洋生物学者ジャック・モイヤー氏が発見したことから、学名*Neosynchiropus*（*Synchiropus*）*moyeri*に彼の名「moyeri」が献名され、和名にも、由縁の地「ミヤケ」が入っている。

小さい体でひっそりと岩陰などで暮らしている彼らが、最も輝くのが恋の季節。それは梅雨も間近に迫った晩春の頃。水中に差し込む光が和らぐ夕方になると、オスの縄張りにある大きめの石や小高い場所にメスたちが集まり、求愛の舞台となる。

明るい時間帯のミヤケテグリは神経質。遊泳力を持たない彼らにとって〝用心深さ〟が生き残る唯一の秘訣だが、色恋となると話は別。恋の相手を探すため、彼は岩陰から岩陰へと素早く移動していく。ここで出会いがあったとしても、彼の求愛に彼女はそう簡単には乗ってこない。それでも彼は自慢の背ビレを全開にしてアピールし続ける。

やがて夕闇が迫る頃、彼の度重なる求愛にようやく彼女が反応を示し出す。彼女が一歩前へ進むと、彼が後ろから追うようにして彼女の横に並ぶ。社交ダンスのようなステップを繰り返しながら、彼は彼女の頬《ほお》に、自らの頬を寄せ、さらに腹ビレを彼女の腹ビレの下に潜り込ませる。いよいよリフトの瞬間である。腹ビレで彼女をやさしく持ち上げながら〝ふわり〟と宙に舞い始めるのである。

暗がりの中、撮影のためのフォーカスライトに照らされた二人は、スポットライトを浴びてタンゴを踊っているかのようだ。静まり返った舞台の上でたった1組、凛々しい燕尾服の男がリードする。男がサッと女の横に並ぶと、深紅のドレスに身を包んだ女は男の動きに合わせて1歩前へ、男はそれを追いかけるようにステップを踏む。シンクロしながら、いつしか男が伸ばした手に女の手が添えられ、二人は頬を近づけ見つめ合う。男は女の手をやさしく握り、力強くリフトをする。女も身を任せつつ、その手を放さないように上昇を続ける。時々男の横顔をそっと見つめながら……。

黄昏《たそがれ》の静かな海底で行われるミヤケテグリの「Shall we ダンス?」。情熱的なタンゴのステップからのリフトはあまりにも美しく、輝きに満ちている。それは見る者の心を魅了する愛の流儀である。

ミヤケテグリ

遭遇率　★★☆

観察できる海

伊豆半島、伊豆諸島から琉球列島、インド洋〜西部太平洋の比較的水深の浅い岩礁域やサンゴ礁域。

繁殖シーズン

広域に分布しているため、5月中旬〜晩秋までと長い。夕方から求愛が始まり、日没までには産卵を終える。産卵上昇は周囲よりも少し高く、やや開けた場所を好み、そこにメスが集まる。

撮影のコツ・難易度

求愛の前半や、産卵上昇の始まりは神経質。フォーカスライトは赤色使用のほうが難易度が低くなる。ストロボの光にも敏感に反応するので、連写はかえってチャンスを逃すことになる。被写体とストロボの距離を離せる望遠系マクロが有効。

テーマ曲

「Shall we dance?」(1997)
大貫 妙子

[オスの求愛アピール]
オスはメスの横で背ビレを広げて自身をアピール。

NO ×
メスにその気がなければ、
ほぼすべてのヒレを閉じてそっぽを向く。

YES ♡
脈ありの場合、
メスも背ビレを立てて意思を伝える。

多くの場合、大きなメスは慎重で、小さなメスほど積極的。この時も小さなメスが先に産卵した。

[両手に花]
メスが求愛に反応し出すのは夕暮れ～日没のわずかな時間。
オスが複数のメスに囲まれるハレム状態になることも。

撮影地　高知県幡多郡大月町柏島（8～11月）

［愛のリフト］
オスは腹ビレをメスの腹ビレの下に差し込み、持ち上げるようにして産卵のために上昇。

［ペアで上昇＆産卵］
海底から数十cmほどゆっくりと泳ぎ上がったところで産卵が行われる。1分以上滞空することも。

恋人たちのハナキン――――ハナキンチャクフグ

ハナキンチャクフグはキタマクラ属で、暗色の縞《しま》模様に橙色《だいだい》の縁どりと青のドットが並ぶ10㎝ほどのフグである。同属内でもとりわけ色彩が美しく華があり、体の形が巾着に似ていることからその名がつけられた。

そんなハナキンチャクフグの恋愛話に移る前に、私の〝ハナキン〟話を聞いてほしい。20代の頃、世の中はバブルで景気は右肩上がり、明日のことなど考えない、お金は天から降ってくる。今日も豪遊、明日も豪遊、金曜日にはハメを外して、男も女も着飾って夜通し遊びまくる――そんな煌《きら》びやかで花のような金曜日、略して「ハナキン」という言葉が当時流行った。私もディスコはもちろん、冬はスキー場、夏は海の家でハナキンを謳歌し、それはもう毎日が楽しくて楽しくて、ホントにいい時代だった！　さらに、ひょんなことから海外の高級パンストを売っていたことから、女性から頻繁にお声がかかるなどモテモテだった（違う意味で⁉）ことも加えておこう。

さて、そんな話はともかくハナキンチャクフグの恋愛話に戻ろう。私のハナキンと違って、こちらのハナキンは朝から昼にかけてが恋の勝負時だ。彼の縄張りには数匹の彼女がいるため巡回に忙しい。彼女は彼女で、産卵に適した場所を探し回っている。この時の彼女の体色は白っぽく、いわゆる〝普段着〟の状態だ。そんな時に彼が来ても「今はその気になれないわ」とまったくもってつれないのである。「普段着でもいいのに」と、彼はあきらめきれず、後を追ってはモーションをかけるが、彼女はイヤイヤオーラ全開で逃げてしまう。こんなやり取りが繰り返されると、さすがに彼は諦めて次の子へと向かうのだ。

一方の彼女は相変わらず産卵場所探しに余念がない。一等地は岩の上など、やや視界が効く場所。そこに背の低い芝生のような海藻があること。そして泥っぽくない場所であること等々、相当なこだわりがあるようだ。なんとかお気に入りの場所を見つけると、彼女は口先を使ってその海藻をほぐしていく。これは茂みの中に卵を流し込むための重要な作業である。そうこうしているうちに彼が再登場、産卵の準備ができた彼女は、流行りのベージュカラーの〝勝負服〟にチェンジ！　それでももったいぶるように海藻をほぐしている。待ちきれず彼は彼女の右や左に回り込み、体をつついたりする。そして最後の強硬手段である甘噛みをすると、彼らは「69」の状態になって海藻の奥深くに卵を産みつけた。

普段着から勝負服へと着替えて、刺激的な恋を求めてさまよう。かつての華やかなハナキンを彷彿させる愛情表現。これがハナキンチャクフグの愛の流儀である。

ハナキンチャクフグ

遭遇率　★★★

観察できる海

千葉県館山〜小笠原〜琉球列島〜太平洋域（ハワイ諸島を除く）。岩礁域やサンゴ礁域。

繁殖シーズン

生息分布域が広いため、産卵時期は大きく異なる。本州〜九州域では晩春〜夏。産卵は朝から午前中にかけてが圧倒的に多い。なだらかな岩礁が点在するところには個体数が多く、このような場所を縄張りにするオスを探すのがコツ。

撮影のコツ・難易度

オスの持つ縄張りはそう広くなく、30〜50平方メートル。通常は縄張り内に複数のメスがいるので、ダイバーには目もくれず泳ぐオスを見つければメスに行き当たる。動きは速くないので撮影難易度は高くない。標準系マクロレンズ、望遠系マクロレンズ、ミドルワイドレンズが有効。

テーマ曲

「Can't Smile Without You（邦題：涙色の微笑）」（1978）
Barry Manilow

［その気がないメス］
メスの体色が白っぽい、つまり“普段着”の時は産卵の準備が整っていない証し。

［オスの闘争］
縄張りが狭く隣接していることが多いため、オス同士の闘争は頻繁に見られる。

［メスの婚姻色］
メスが薄茶色の“勝負服”に変化。しかし、求愛初期はオスとメスの間にやや距離感がある。

［産卵］
産卵は「69」の状態で数秒間行われるが、ペアによって微妙に体位が違う。

［立ち去るオス］
産卵を終えるとオスは次のメスの元へ、メスは卵のカモフラージュに精を出す。

ボディケアはエビにお任せ！

エビ類によるクリーニングは大好きで、体の掃除は彼らに頼っている。いわゆるクリーナーシュリンプの常連客である。

ウロコを持たない彼らは、ホンソメワケベラによるクリーニングはちょっと苦手のようで逃げ腰である。

 撮影地　高知県幡多郡大月町柏島（6～7月）

Madame Butterfly——気高き蝶々夫人——

ゴマチョウチョウウオ

サンゴ礁の中を〝ひらひら〟と蝶のように舞う姿から、このグループの英名はButterflyfish（バタフライフィッシュ）と名づけられている。そのチョウチョウウオ類の一種であるゴマチョウチョウウオは体長10㎝ほど、体にゴマを振ったように青みがかった小斑点が散りばめられている姿からこの和名がつけられた。学名の種小名*citrinellus*はラテン語でレモンを表す言葉で、彼らの体色にぴったりの名であると思う。

私は、チョウチョウウオの産卵を狙うことを目標にした時から、本項のタイトルは「Madame Butterfly《マダム・バタフライ》」（蝶々夫人）と決めていた。「蝶々夫人」とは、１９０４年に初演の世界的に有名なオペラで、日本でもなじみ深い作品である。舞台は幕末の長崎。武家の娘に生まれながら父を早くに亡くし芸者になった蝶々婦人とアメリカ海軍士官との恋愛悲劇だ。帰らぬ異国の彼を、凛として一途に思う気高さこそが、私の思い描く蝶々夫人。その生き様を、秘めごとをけっして人前に晒《さら》さないチョウチョウウオと重ねるのは私だけだろうか。

さて、産卵の話に戻そう。チョウチョウウオ類は、２匹で泳いでいる姿をよく見かけるが、産卵はおろか求愛を見ることすら難しい。毎日産卵を繰り返す魚とは異なり、おおよそ1週間以上に1回程度しか産卵しないようだ。そして、求愛時の移動距離が数百ｍに及ぶ種もかなり多い。さらに産卵の日以外でもペアリングしているので、産卵する個体の見極めが難しい。これぞチャンスと追いかければ、薄暗い海底を沖へと泳ぐ2匹の移動距離は１００ｍ、２００ｍとなり、水深も10ｍから20ｍに急降下は当たり前。そのままエアが少なくなり、とぼとぼと水面遊泳で帰路についたことも一度や二度ではない。

夕方、二人はいつもと同じようにそれぞれ食事に忙しい。しかし日没間近になると様子が変わり、彼が先導するように小高い丘へと泳ぎ出した。あっちへ行ったり、こっちへ来たり。いつしか先導役が彼女へと代わり、さらに泳ぐ。崖を降りたり、上がったり、とにかくよく泳ぐ。やがて日没を迎え、辺りが暗くなると同時に二人は泳ぐスピードを緩める。すると彼が彼女の下に入り込み、上へと押し上げ始めた。待ち焦がれていたその時はついにやってきた。二人は海底から1m以上も上昇し、中層で素早く産卵を行ったのである。長い年月を費やして、ようやく目にした彼らの秘めごと。周囲では二人の愛をたたえるかのように、年に一度のサンゴの産卵が始まっていた。ライトをつけて帰路につく頃、二人は寄り添うようにして岩陰で眠りについていた。

サンゴ礁で優雅に映えるチョウチョウウオたち。なぜ、そこまで移動するのか。またその中でどのように愛が交わされているのか。彼らの愛の流儀は、まだまだ神秘のベールに包まれている。

ゴマチョウチョウウオ

遭遇率　★☆☆

観察できる海

千葉県以南、東アフリカ〜マーシャル諸島にかけて分布。岩礁域、サンゴ礁域の水深25m以浅。

繁殖シーズン

水温が上昇する5〜8月頃が繁殖期。産卵サイトはマウンド状の小高い丘で、ペアで行われる。産卵は大潮回りが多いように感じるが、1週間から10日程度のサイクルで行われているようだ。

撮影のコツ・難易度

日没頃の、いわゆる薄暮に産卵が行われる。光に非常に敏感で、明るいライトでは産卵サイトから移動してしまうか産卵自体を止めてしまう。赤ライトの微光量使用が必須。産卵サイトを探すことと、常にペアリングしている中から当日の産卵ペアを見極める必要があるため、撮影難易度はかなり高い。行動を熟知した現地ガイドのサポートは必須。撮影には標準系マクロ、望遠系マクロが有効。

テーマ曲

「I Need To Be In Love（邦題：青春の輝き）」（1976）
Carpenters

［メスが主導して泳ぐ］
日没前はオスが先導し、産卵前の数十分はメスが先導する。この形になるとメスは縦横無尽に泳ぐ。

［オスの戦い］
放浪オスと思われる個体がいると、ペアオスとの間で闘争になる。決着のスピードは速く、一瞬睨《にら》み合い、お互いが交わった時には勝敗がついている。

［サンゴの産卵に遭遇］ペアを追跡中、サンゴが産卵し始めた。たった一度の経験、夢を見ているかのように幻想的だった。

［**オスからのアプローチ**］
産卵直前、オスはメスの腹部を押しながら海底付近から上昇し、産卵を促す。

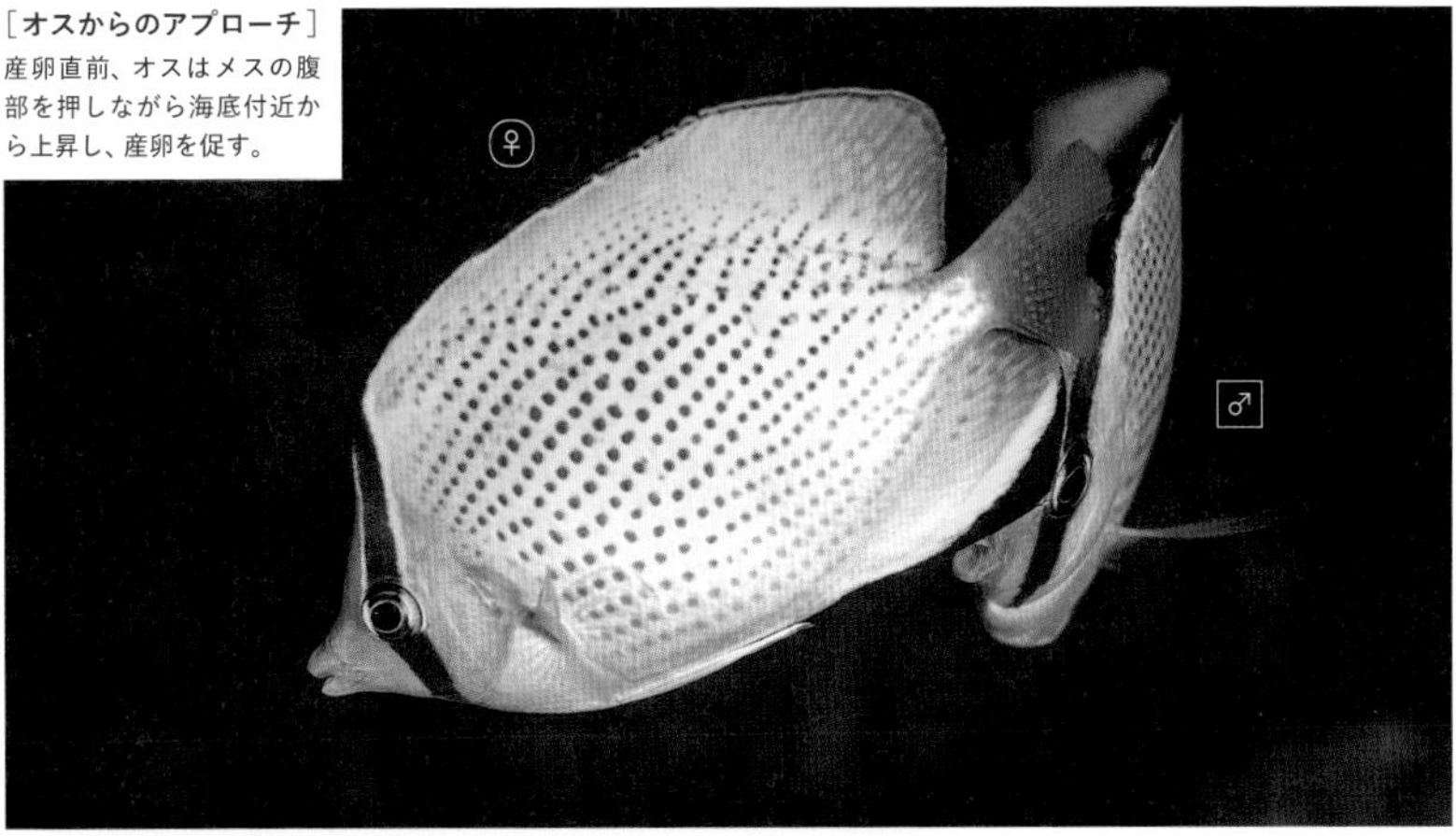

［**産卵**］
マウンド状の丘の上で行われる。オス（下）は瞬時に放精をして海底に戻る。

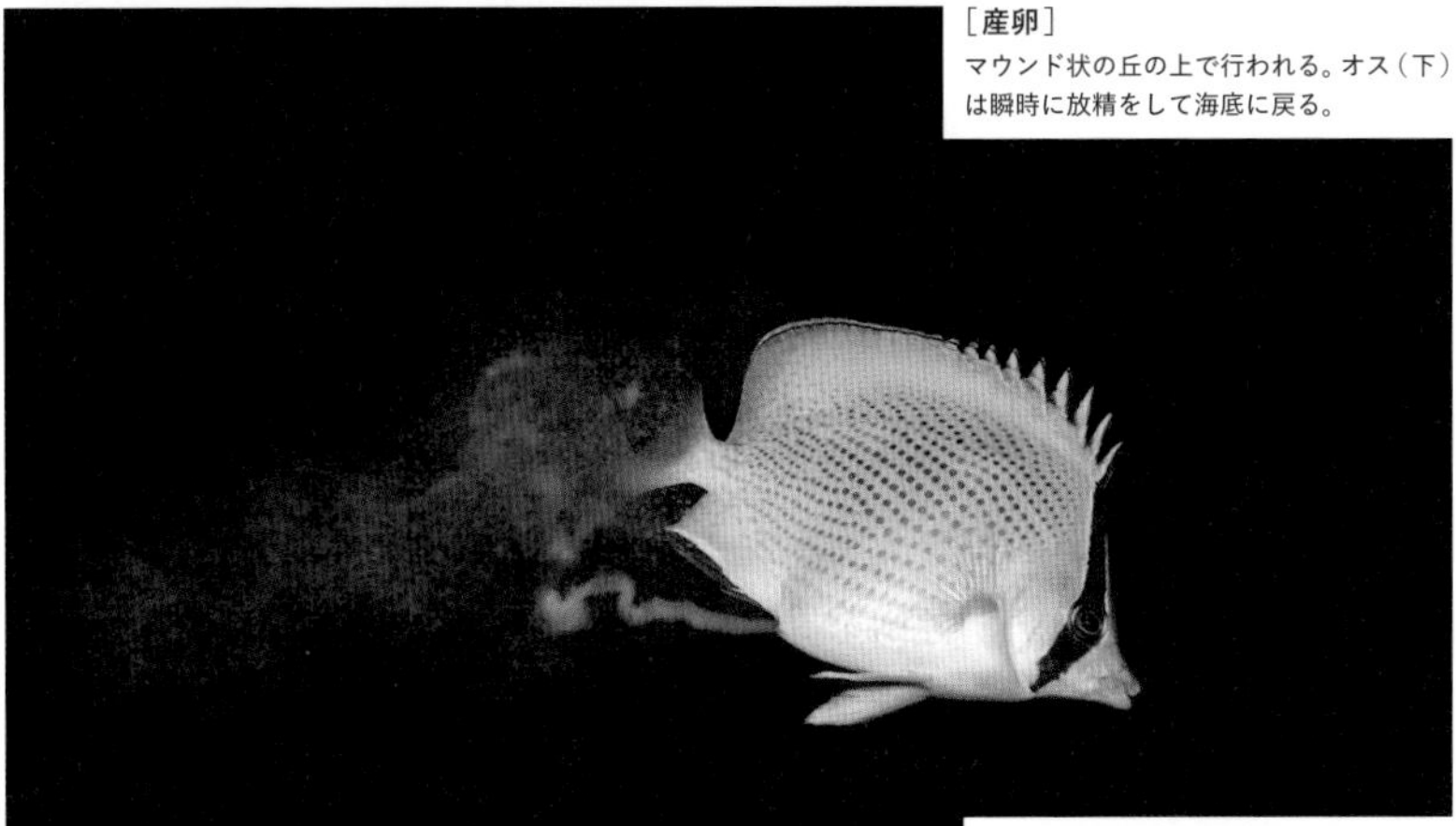

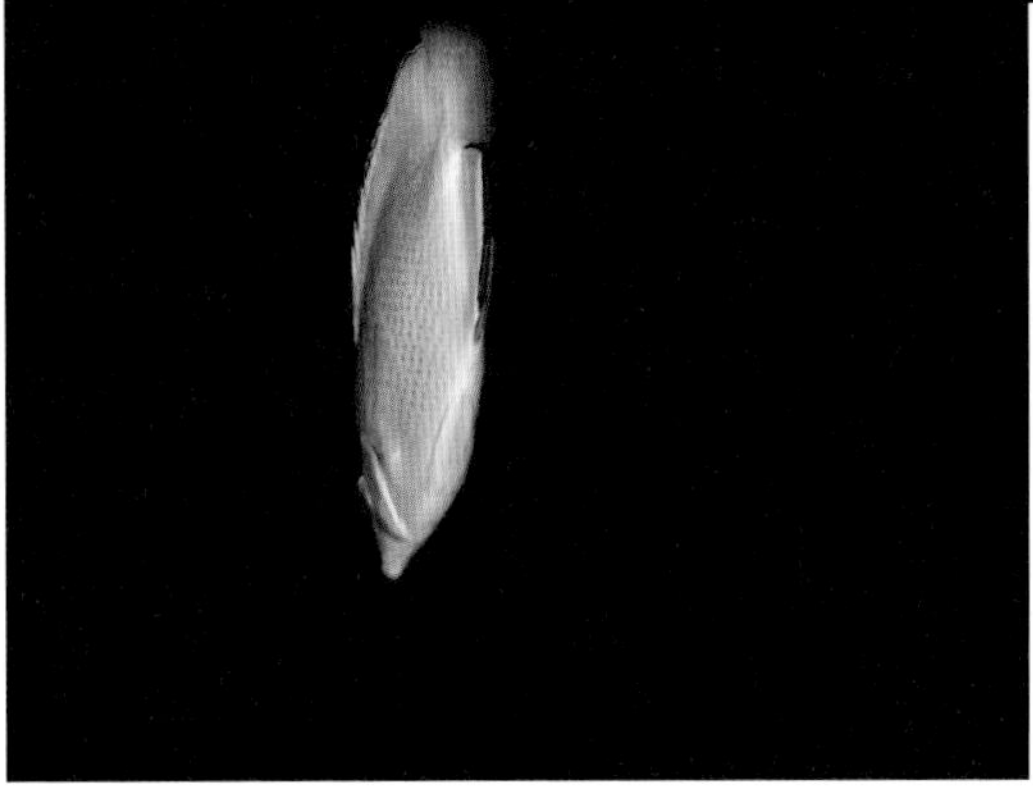

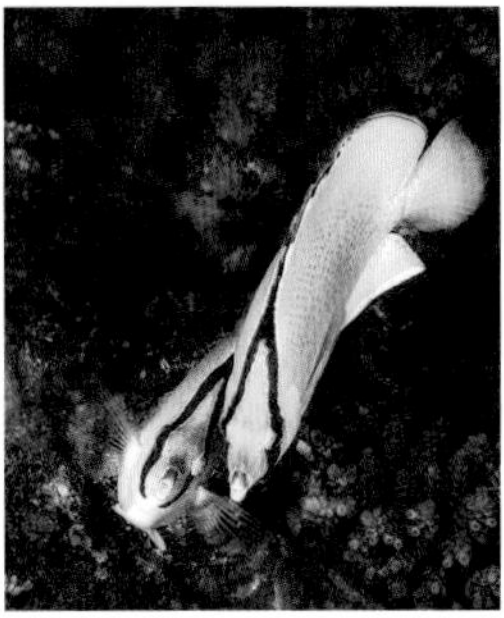

［**産卵後のペア**］
産卵後も寄り添う２匹。眠りにつくと体色がくすみ、胴体に大きな白斑ができる。

撮影地　沖縄県恩納村（５〜６月）

叩き合うほど愛してる――――サビハゼ

魚の産卵期というのは、稚魚の餌となる生き物が増える時期、つまり春〜夏に多いのだが、水温が低くなる冬に、恋に愛に熱くなる魚も想像以上に多い。水温が低ければ捕食者の動きも鈍るし、目に見えないプランクトンがあふれるほど増えてくる時期でもあるからだ。サビハゼもそんな冷たい季節に恋をする魚である。名前の由来は赤褐色の斑紋が錆《さび》のように見えることからのようで、漢字で書くと「錆鯊《サビハゼ》」。砂地の海底に見事に溶け込んでしまう地味な体色と、下アゴに生える短いひげ状の突起以外は特徴に乏しい……ダイビングでも人気があるとはいいがたい魚だ。

彼らの恋の季節が始まるのは冬の中でも最も水温が下がる頃。デートスポットは小ぶりの岩が点在している砂地。オスは、さほど砂に深く埋もれていない岩を探し、その下に巣穴を掘る。9割がた掘り終えても、入り口から少しでも内部が見えてしまえば別を探すオスもいれば、丸見えの浅い巣穴で満足するズボラなオスもいて、性格がはっきりと出るのがおもしろい。家が完成したら今度は縄張りの構築である。彼らは巣穴周辺に自分の敷地をはっきり決めているようで、そこに侵入してくる恋敵は徹底的に排除する。

家は新築、広い庭つきというかなりの〝優良物件〟が完成したら、いよいよ嫁探しである。まずは巣穴の入り口に陣取り、お嫁さん候補を見つけたら早速アタックだ。しかし相手も優良物件巡りをしているから、かなりの目利きであり、多少のことではデートの誘いに応じてくれない。

そこで彼は体を張ったアピールを仕掛ける。彼女の横にぴったりと体を寄せ、ヒレとエラを広げて自らを誇示する。すると彼女もそれに応えるようにヒレを広げ始めた。どうやら産卵の準備ができているようで、今度は彼女から体を震わせて〝逆求愛〟が始まる。

そうしてカップルとなった二人、ますます求愛は激しさを増していく。彼女は頭で彼の尾ビレ付近をグイグイ押す。すると彼も彼女の尾ビレを頭で押して応える……位置関係をわかりやすくいえば「69」状であるが、さらに次の展開がスゴい。彼女が尾ビレで彼の頭部を思いっ切り叩くのだ。それに応えるように彼も彼女の頭を思いっ切り叩く、ビンタの応酬は回を追うごとにエスカレートしていく。散々叩き合った二人だが、じつはこれ、意気投合の証しなのである。私の心配をよそに、彼のやさしいエスコートで二人は新居の中に消えていった。

人も魚も愛情表現に決まりはないが、お互いを叩き合うことで愛を確認するサビハゼ。冷たい海の中で、あまりにも熱く激しい愛の流儀である。

サビハゼ

遭遇率　★★★

観察できる海

青森県〜九州、沿海州、朝鮮半島南岸の比較的浅い砂底。

繁殖シーズン

産卵期は最低水温期に当たる１〜３月上旬だが、本州北部などの水温が極端に低い地域では２月頃からが盛期となる。求愛・産卵の繁殖行動は日中に行われ、午後遅い時間帯には見られない。

撮影のコツ・難易度

繁殖期にサビハゼが多い場所、すなわち転石がある砂地ならば求愛行動を見ることは難しくない。卵保護の様子を見るには産卵床の入り口が大きめのものを探さなくてはならず、これはなかなか難しい。岩をめくると親が卵を放棄してしまうこともあるのでこれは避けたい。撮影にはストレスを与えないように望遠系マクロレンズがお勧め。

テーマ曲

「Love Machine」（1975）
The Miracles

［オス同士の縄張り争い］

お互いの頭部を尾ビレで叩き合う。

［産卵床を作るオス］

岩の下に巣穴を掘るオス。平らな天井が優良物件の条件だ。

［愛を確かめ合うカップル］

尾ビレで相手の頭を叩いたり押したり、激しく求愛。

オスが尾ビレでメスをピンタ。

ピンタ＆噛みつき！　愛の劇場

［愛の催促］
メスの尾ビレの付け根に噛みつくオス。煮え切らないメスに産卵催促。

［オスが卵保護］
外敵の排除、卵の清掃、巣穴に新鮮な海水を送り込むなど忙しいオス。その間ほぼ絶食。

［産卵直前］
メスによる厳しい新居チェック。OKならば産卵となるが、NGならばサヨウナラ〜〜。

　撮影地　静岡県沼津市大瀬崎（12～1月）

燃え尽きる、生涯一度の恋 ―― ヤリイカ

「ヤリイカ」とは、全体に細長くて、先端が尖った姿が槍の穂先に見えることからついた名前だ。やわらかく上品な甘みがあり、旬の冬には味がよくなり、高級品として扱われる。普段は光も届かない深い海で過ごしているため、ダイビングで見ることができるのは冬の産卵期だけ。

産卵は厳寒期の静かな夜に始まる。海の中が暗くなると、メスよりもひと回りもふた回りも大きなオスが産卵床の近くに陣取る。しばらくすると、小型のメスが登場する。メスは少し離れた所で待機、まずオスが産卵場所をチェックする。彼らのいちばんの心配事は、いい産卵床が見つけられるかどうか。メスは、大きな岩の天面などに房状の卵を垂れ下がるように産みつけるので、あまりゴツゴツしていないきれいな天井をオスが眼と触覚で確認する。もう一つは安全確認。イカは硬い骨を持たず内臓や筋肉まですべてが栄養の素、つまり魚にとって最高のごちそうなので産卵中の彼らを狙う敵は多い。その両方をオスが確認してから交接・産卵となる。

ヤリイカをはじめイカやタコの仲間の多くは、オスが腕（交接腕）を使って精子のカプセルをメスの体内に入れることで体内受精が起こる。触覚や味覚など腕に多くの機能を持つ彼らならではの手法だが、それに至る姿が悩ましい。彼女は交接を望む時、体の腹側（下側）の色素を薄くして体をスケスケにする。眼下にいる彼に「ちょっとだけよ♡」とばかりに自らの卵巣をチラ見せするのだ。一方の彼は背側（上側）の色素を透明にして精巣を見せつけて男らしさをアピール。お互い体を透き通らせるという武器をフル活用して、愛

を盛り上げるのだ。

やがて彼は、彼女の下側からすべての腕を使って抱き寄せ、交接のための腕を体内に差し込む。ファインダー越しでも、彼女の中に彼の腕が入る様子が透けて見える。その瞬間、彼女はピクッと体を震わせ、上気したように体全体の色素を淡赤《うすあか》く染める。

交接を終えると、次は彼女が入念に産卵床を確認し、白色に輝く卵嚢《らんのう》を産みつけていく。1房産みつけると少し後退して休憩、そしてまた1房と産卵を続けるのだが、海底で漏斗《ろうと》から水を吐き出し、体を膨らませたり縮ませたりして休憩する様子は「はぁはぁ、ふぅふぅ」と、まさに命を削っているように見える。そして、交接と産卵を数日間繰り返した二人は一年という短い一生を終える。

淡雪《あわゆき》が舞う夜、産卵を終えてボロボロになりながら燃え尽きていくヤリイカたち。彼らの愛の流儀は春雪のように儚《はかな》くも美しい。

ヤリイカ

遭遇率　★★☆

観察できる海

北海道南部以南の太平洋、日本海沿岸、九州沖～東シナ海沿岸。南西諸島を除く日本列島を囲むように生息。産卵期以外は150m以深に生息。

繁殖シーズン

産卵期は冬～初春で、産卵行動は日没後に本格化して一晩中行われる。近くに深海が存在するダイビングポイント、静岡県大瀬崎や富山県滑川などで見ることができるが、近年の高水温化で大瀬崎ではまれにしか見ることができなくなってきた。

撮影のコツ・難易度

産卵中のペアを見つけられれば難易度は高くないが、最初から急接近は禁物。ペアが離れたり産卵を止めてしまうこともあるので、様子を見ながら接近。コツは「一歩下がって二歩進む」。30cm程度まで寄れるペアもいるのでワイド、マクロレンズともに有効。

テーマ曲

「クリスマス・イブ」(1983)
山下 達郎

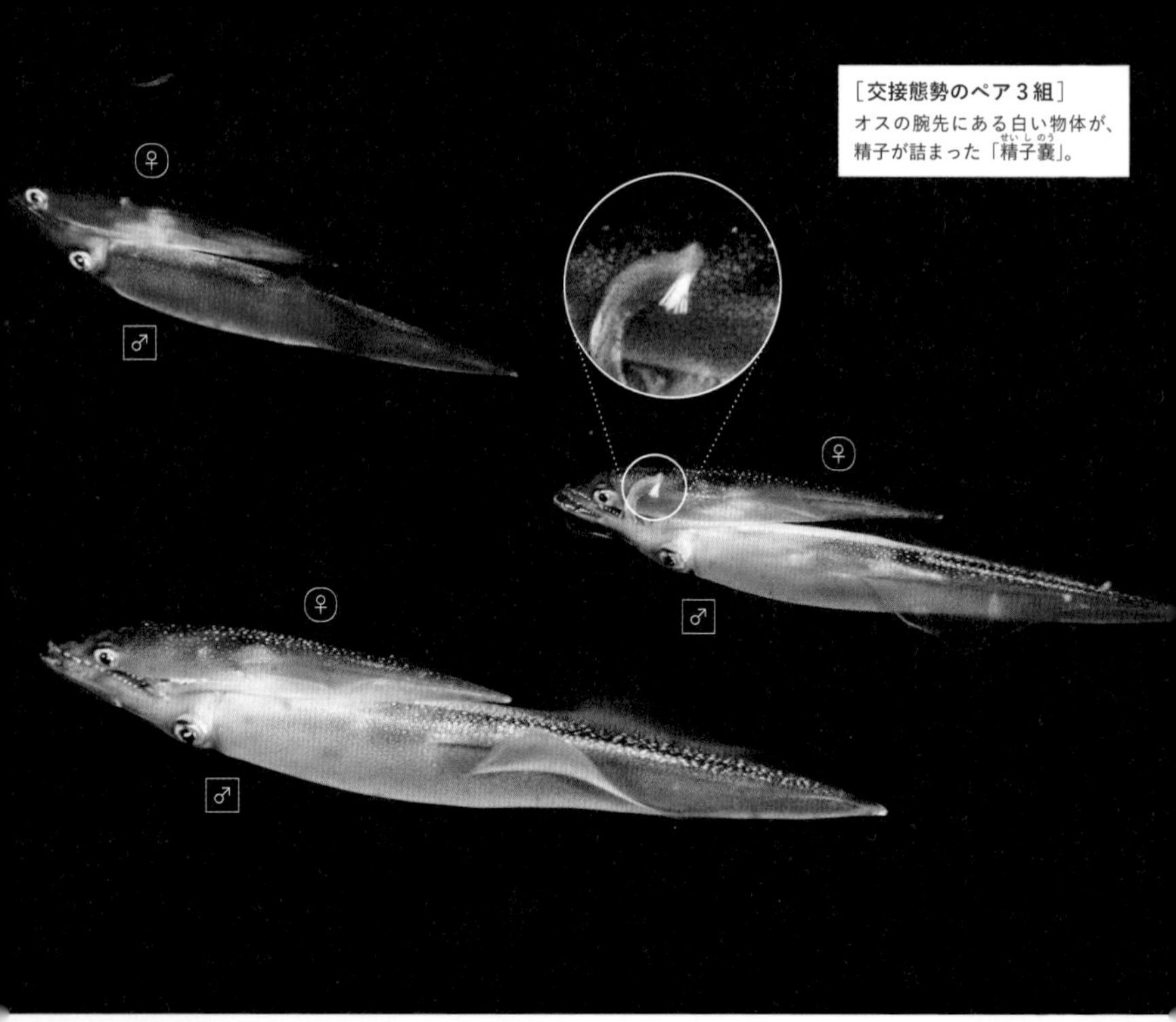

［交接態勢のペア３組］
オスの腕先にある白い物体が、精子が詰まった「精子嚢《せいしのう》」。

［交接の瞬間］
メスの透けた体には、挿入されたオスの交接腕が見える。

［産卵］
メスは産卵する基部を眼と腕で入念にチェック。産卵は一晩中行われる。

［厳戒態勢の産卵］
他のオスには渡さない！
産卵中も寄り添うオス。

［常にメスを確保］
産卵後期はメスの数が少なくなるため、オスはメスを他のオスに奪われないように交接以外でも常に抱き着いている。

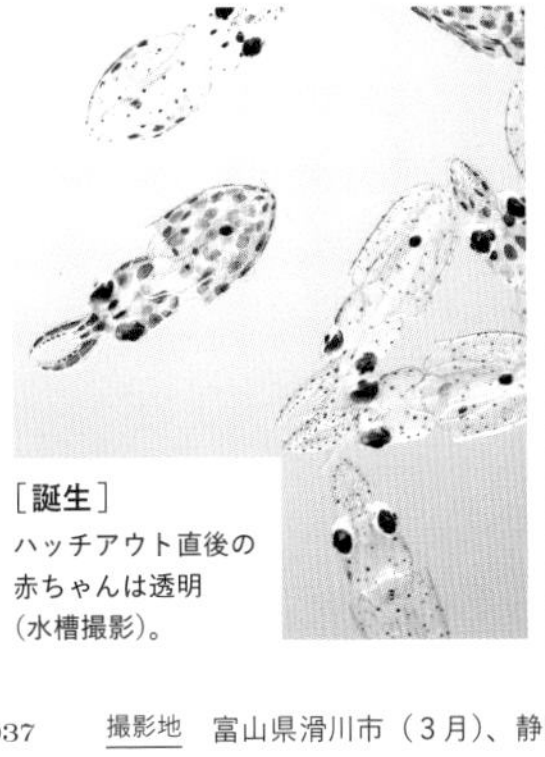

［誕生］
ハッチアウト直後の
赤ちゃんは透明
（水槽撮影）。

［愛の果てに生涯を終える］
数日間かけて産卵を行ったメス。ボロボロになり、1年という短い一生を終える。

撮影地　富山県滑川市（3月）、静岡県沼津市大瀬崎（12月）

イクメン狙いの肉食系女子――チャガラ

「チャガラ」この不思議な魚名は、富山で呼ばれてきた地方名で、水面に散らした茶殻のようなゆったりとした泳ぎと、ほうじ茶を思わせる茶褐色の体色からきている。浮遊性のハゼの一種で、優美な色柄に心惹かれる人も多いのではないだろうか。彼らは日本近海と朝鮮半島だけに生息していて、明仁《あきひと》上皇陛下が研究対象とした魚でもある。

そんなチャガラが一年のうちで最もアクティブになるのが繁殖期だ。写真の撮影地である葉山では、ヨットハーバーにイルミネーションが灯《とも》るクリスマスから1月末までが恋の季節。穏やかで〝草食系〟にも見える彼らも、この季節だけはナンパや逆ナン、略奪愛、メス同士の戦い、オスの闘争など色恋沙汰が絶えない。

まず行動を起こすのはオスだ。彼は単独で岩の裂け目や転石の下などを細かくチェックし、産卵床となる場所を決める。さらに、天井に卵を産みつけやすいように丹念に掃除をし、ベッドメイキングに励むのだ。そのまめまめしさたるや、彼女のためにクリスマスプレゼントを選び、お洒落なホテルのディナーに誘う世の男性諸氏とまったく同じであり、私も同性として心の底からエールを送りたい。

産卵床の準備を整えた彼は、中層で待機している女子たちに対してナンパに繰り出す。お気に入りの彼女が見つかったら、ヒレを広げて首をグイッと上に折り曲げる。これが求愛の第一段階だ。彼女が逃げなければ、同様の行動で求愛をエスカレートさせていく。すると、今度は彼女にスイッチが入り彼への猛アタックが始まる。彼女は彼の真横で同じようにヒレを広げ、首を上に折り曲げ、恋をぐいぐいリードしていく。彼の体を押し倒す勢いで気を引くような行動に出るが、それは清楚ないでたちの令嬢が〝肉食系〟女子へと変貌する瞬間。というのも、チャガラはオスが卵を保護する〝イクメン〟であるから、メスはよきパートナーを捕まえるのに必死なのだ。ましてや卵保護が始まるとオスは産卵床から出てこないので、時が経つにつれてフリー男子が絶対的に少なくなるのである。このような状況になると、熾烈な女同士の戦いが勃発する。卵をハッチアウトまで守ってくれる優秀なオスが必要だから、いいオスはモテモテである。

人肌恋しい冬、クリスマスやニューイヤーを楽しむ恋人たちが戯《たわむ》れる湘南の足元で、チャガラのオスは子どものベッドを整え、メスはパートナー探しに奔走する――それが彼らの愛の流儀である。

チャガラ

遭遇率　★★★

観察できる海

青森県〜九州・長島付近までの日本海・東シナ海沿岸、千葉県大原〜瀬戸内海を含む太平洋沿岸、そして朝鮮半島中部〜南部沿岸の岩礁域の磯場・藻場に生息。地球温暖化の影響を強く受けている沿岸魚の1つで、近年生息域が著しく減少している。

繁殖シーズン

温暖な場所では冬だが、寒冷地などでは若干のずれがある。たとえば、日本海側の山陰地方では3月頃に繁殖盛期を迎える。求愛・産卵は日中に行われる。

撮影のコツ・難易度

生息密度が高い場所が有利。そのような場所であれば求愛の撮影難易度は高くはないが、繁殖行動の盛期は意外と短い。産卵、卵保護は狭い場所が多いので難易度は高い。撮影には標準系マクロ、望遠系マクロレンズが適している。

テーマ曲

「A HAPPY NEW YEAR」
(1981)
松任谷 由実

［メスの戦い］
「彼は私のもの！」と、２匹のメスが追いかける。

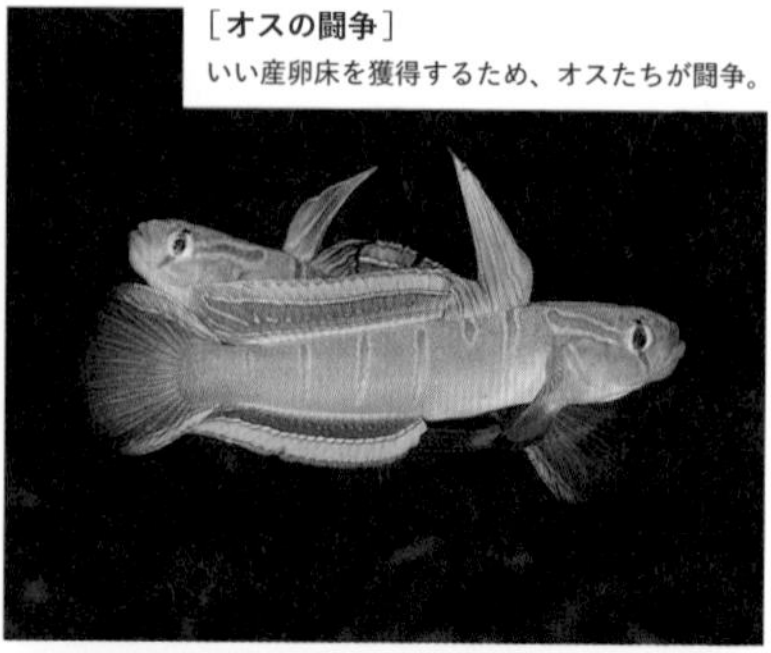

［オスの闘争］
いい産卵床を獲得するため、オスたちが闘争。

［メスからの求愛返し］
メスが首をくの字型に折り求愛。断続的に 10 分ほど続いた。

［産卵中］
メスが逆さになって産卵。メスは産み終わるとさっさと出て行ってしまう。

［オスが産卵床に誘導］
メスが産卵床を気に入れば即産卵、ダメならペア解消。

撮影地　神奈川県三浦郡葉山町（12 ～ 1 月）

［**子育て中のオス**］
卵が孵化するまで、オスが全身全霊で掃除や外敵の排除などに励む。

［**チャガラの住む藻場**］幼魚期は海藻の森に住む。しかし近年の温暖化による藻場の激減と高水温化で、生息環境は悪化。

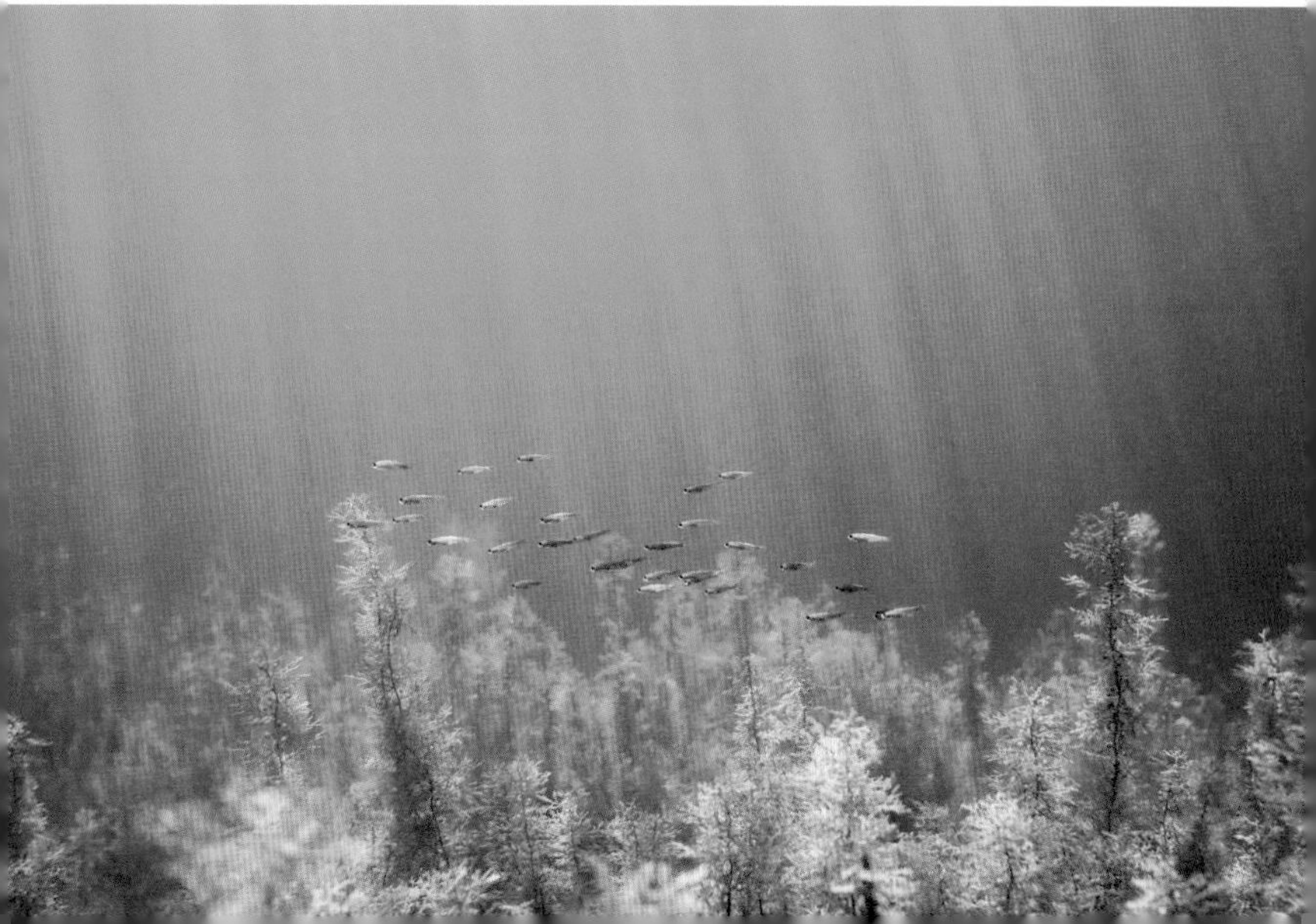

恋に落ちる——レンテンヤッコ

今回の主役であるレンテンヤッコ、体の前半が橙色《だいだい》で後半が青紫色、尾ビレが黄色で、体側に多数の青点が星空のように散っている。オスは背ビレと臀《しり》ビレ後部に暗色の縞《しま》が入る美しいヤッコだ。温帯域に適応している種で、日本で見ることができる同属の中では最も大きくなる。大きなものでは体長が20㎝にも達するが、小笠原海域に生息するタイプは最大でも10㎝程度で、別種と思えるほど大きさに違いがある。

さて、レンテンヤッコの話に限ったことではないが、魚には恋だの愛だのが存在するか？　大方の意見では、人間以外には恋や愛は存在せず、「繁殖行動は本能のもとで行われる」となっている。僕自身もこれに関しては間違いないだろうと思ってはいる。だが、一方で人類も魚もはるか昔には原生動物から進化してきた者同士である。現代の科学では解明されていないだけで、恋とか愛とか、私たち人類が持つ感情に似た何かがあるのではないか、とも考えている。

前振りが長くなったが、それを感じさせてくれるのがレンテンヤッコのメスの姿である。レンテンヤッコの産卵は夏の夕暮れ時、水中がやや薄暗くなる頃に始まる。オスは縄張りを巡回して、周囲に散っているメスたちを「産卵サイト」と呼ばれる産卵場所に集める。そこでメスに対して青斑を鮮やかにさせ、オス特有の縞模様の入った背ビレを広げて体側誇示をしながら求愛を行う。そしてペアを形成して産卵に至る。この状況は他の魚でもよく見かけるパターンである。

だが、レンテンヤッコの場合は少々おもむきが異なる。彼からの求愛が次第に高まってくると、彼女は頬《ほお》をほんのりピンク色に染めるのだ。そして彼の前にそっと出てみたり、彼の後を追いかけてみたり……その姿はまるで彼からの愛を受け入れ、恋に落ちていくように見えるのだ。言葉という伝達方法を持たない彼らは、泳ぎ方を変えたりすることで相手に情報を伝えているようだが、体色をわずかに変える様子は「感情」をも表しているように思える。私たちが想像している以上に複雑で感情的なやり取りが交わされているのかもしれない。「あなたが好き」——薄紅色に染まった彼女の頬がそう物語っているように見えるのは僕だけだろうか。やがて、彼は彼女の横や下に回り込むようにして産卵のための上昇へと向かう。

幼少の頃に仲良しの女の子と手をつないだ時、胸がキュンとしたりドキドキしたり……そんな淡い記憶を思い出させるレンテンヤッコ。その姿こそが恋という感情の原点であり、彼らの愛の流儀なのかもしれない。

レンテンヤッコ

遭遇率 ★★★

観察できる海

沖縄を除く千葉県以南、豊後水道、小笠原のやや深い岩礁域とサンゴ礁域。英名をJapanese angelfishといい、かつては日本固有種だった。ミッドウェイにも生息することがわかり固有種ではなくなったが、小笠原のものを含め、大きさなど著しく異なるので今後の精査を待ちたい。

繁殖シーズン

７～９月頃が繁殖盛期。その期間は毎日夕方になると、産卵サイトに数匹のメスが集まり求愛と産卵が行われる。産卵は夕方～日没時。

撮影のコツ・難易度

産卵サイトの周辺には大きな岩があり、適切な場所と時間をつかめば難易度はそう高くはない。求愛は標準系マクロ、望遠系マクロがお勧め。産卵時はあまり近づきすぎると尾をこちらに向け上昇することが多いので、望遠系マクロでストレスを与えないように撮影を。

テーマ曲

「When I Fall in Love（邦題：恋に落ちた時）」（1955）
Helen Merrill

[恋のはじまり]
求愛初期はオスが主導権を持ち、積極的にメスの前に出たり体を横にしたりしてアプローチする。メスに向けられた眼が印象的だ。

[君に夢中]
産卵前になると、オスはメスの産卵口辺りを盛んにつつきながらリフトアップするように泳ぎ上がる。ナズリングと呼ばれる行動だ。

［恋に落ちる］
オスの求愛を受け入れた瞬間、メスの頬が薄紅色に変化。ここからはメスが先に泳ぐ、すなわちメス主導で愛を盛り上げていく。

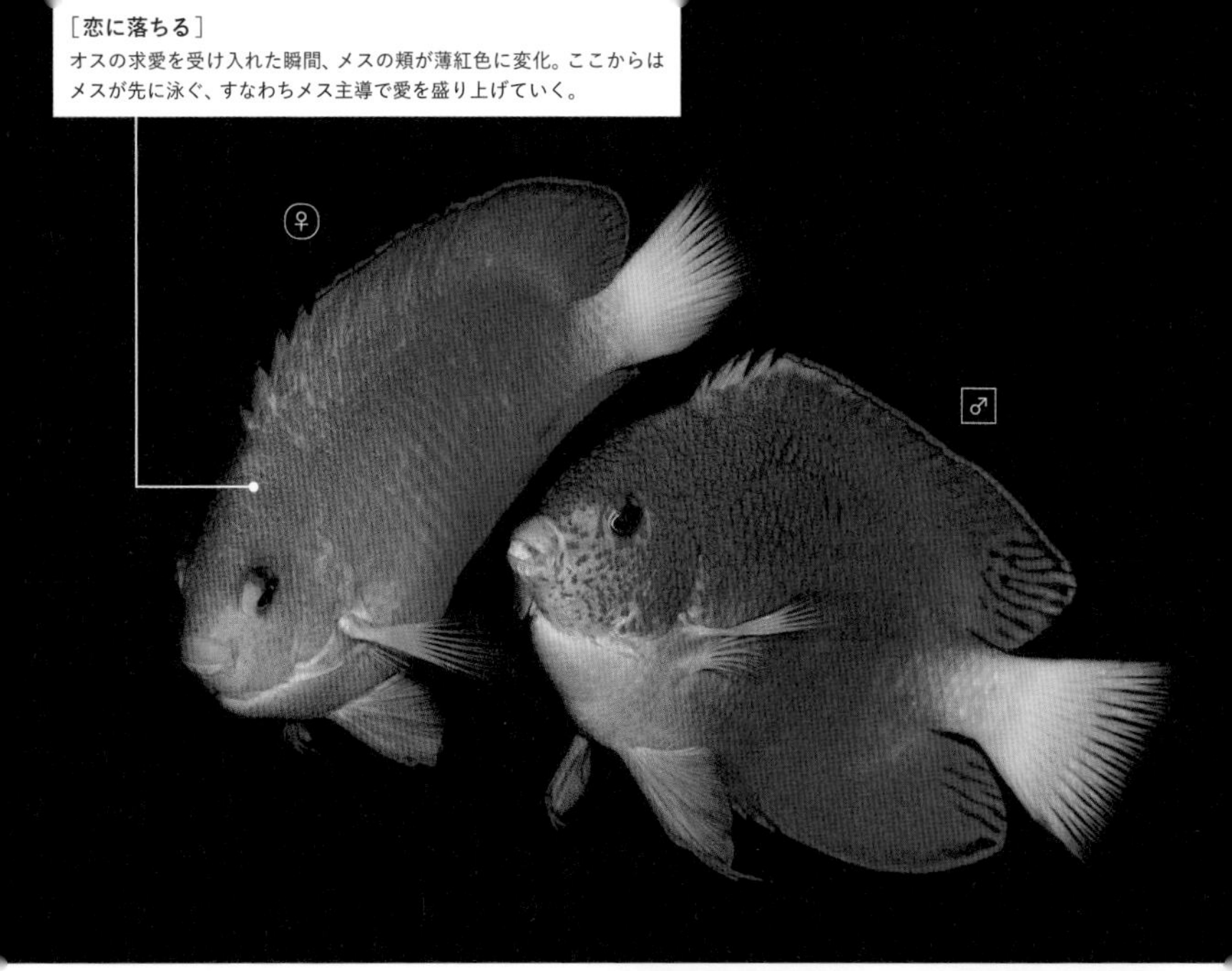

［産卵］
オスがメスに寄り添い、産卵の瞬間は並んでやや速く泳ぎ出す。

［捕食者出現！］
産み出された卵を狙ってメジナが追尾する。

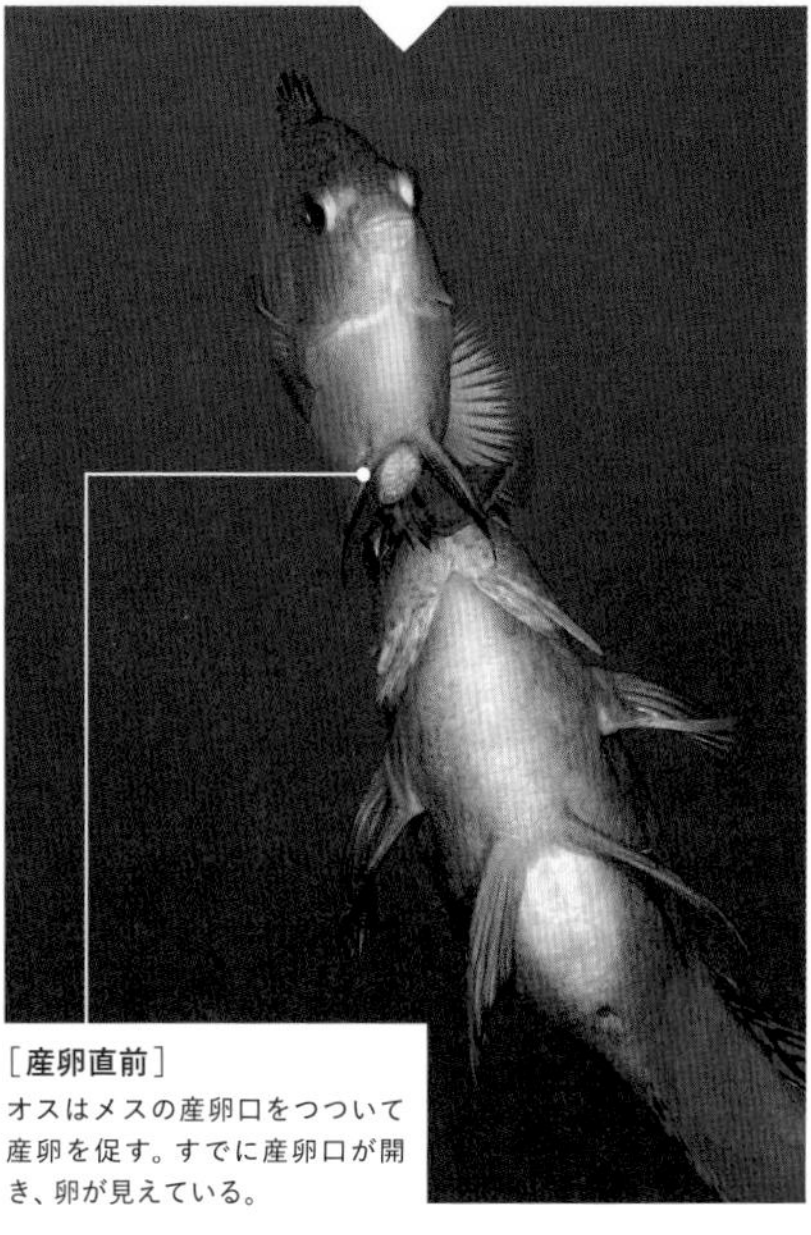

［産卵直前］
オスはメスの産卵口をつついて産卵を促す。すでに産卵口が開き、卵が見えている。

 撮影地　高知県幡多郡大月町柏島（８月）

男を奪い合う女たち——スジオテンジクダイ

生き物の世界では、産卵・出産や子育てに労を要する側が求愛を受けるという一種の法則があるようだ。卵や子を守るには餌を摂《と》る機会も減るので負担が大きい。外敵が来れば、卵も自分も同時に守らなくてはならない。子育てには大きなリスクが伴うので、子育てをする側が求愛を受けることになる。スジオテンジクダイをはじめとするテンジクダイ類は、オスが卵塊《らんかい》を口の中に入れて放仔《ほうし》（ハッチアウト）まで守り育てる。当然その期間は絶食だし、〝身重〟の体となる。つまりオスが求愛を受ける側になるのだ。

スジオテンジクダイの恋の季節は梅雨が終盤を迎え、夏空になる頃に本格化する。メス主導の求愛はいかなるものか？　まずはメスがオスに寄り添い、体を「く」の字に曲げて求愛する。この求愛は数時間に及び、時間とともに激しさを増す。はじめは接近する彼女に対して、彼はやや腰が引けた状態だが、だんだんと距離が縮まり、彼女は彼の口先をつつくようになる。この時点で彼が逃げ出さなければほぼカップル成立だ。中には求愛の激しさに恐れをなしたのか、彼女を置き去りにして逃げてしまう輩もいる。

彼女が「卵を受け取る準備はできてる？」とばかりに口を大きく開けて、彼にアピールを始める。これは「私はいつでもＯＫ」のサイン。彼が同様に口を大きく開けると「僕もいつでも大丈夫」のサイン。互いに寄り添い、彼女が塊状の卵を出すと、彼は自らの精子をかけて受精させる。そしてなんの躊躇《ちゅうちょ》もなくそれをパクッと口にくわえるのである。

そんな姿はとてもピュアに見えるが、産卵期も中盤になってくると事情が少々やっかいになる。卵をくわえた男が多くなるということは、すなわち〝我が子を育ててくれる男〟が減るということだ。そうなると当然、〝独身男〟の奪い合いになる。ようやく相手を見つけても、ちょっかいを出してくる女を遠ざけようと離れた隙に、男の元に駆け寄る別の女、さらに割り込んで近づく別の女。女同士の戦いは男の戦いとはちょっと違う。男同士の闘争はほとんどが力による戦いで、勝負は比較的早い。が、女の戦いは睨《にら》み合いである。正面から睨み合って押したり引いたり……引いたと見せかけていったん撤退しても、隙あらば男を奪おうと岩陰からそのチャンスを狙っている。ハレム状態の男は意外にもクールで「我、関せず」、火の粉を浴びず、ただその成り行きを見守るだけである。

求愛よりもライバルとの戦いに多くの時間を割く女たち。チャンスを見つけては男にアタックする女、意地でも渡さない彼女。一歩も譲れない恋愛体質な女たちの攻防、これがスジオテンジクダイの愛の流儀だ。

スジオテンジクダイ

遭遇率　★★☆

観察できる海

千葉県以南の南日本、伊豆、小笠原諸島、琉球列島。水深が5～20mほどの岩礁域やサンゴ礁域などで小さい群れを形成する。

繁殖シーズン

繁殖期は6～8月で、午後遅めから夕方にかけてペアで産卵する。近縁種のキンセンイシモチは早朝から午前中早めに産卵するものが多い。放仔は日没後に行われる。

撮影のコツ・難易度

繁殖シーズンの初期はお互い慣れていないため、求愛から産卵に至る時間は長めになり、卵塊の受け渡しにも時間がかかるのでシャッターチャンスも多く、難易度も低め。放仔は1～3回に分けて行うことが多いので、焦らず撮影すること。求愛、産卵、放仔ともに標準系マクロ、望遠系マクロレンズが有効。

テーマ曲

「まちぶせ」（1981）
石川 ひとみ

［メス同士の戦い］
お互いが睨み合いのまま、1ラウンド2～3分で10回ほど行われる場合もある。

準備が整っていないオスは頭部をメスの反対に向ける。

オス側の準備が整うと頭部をメスに向けることが多くなる。

［メスからオスへの求愛］
メスの求愛は長時間に及び、時間の経過とともに激しさを増していく。

［大あくびは準備OKのサイン］
オスの“あくび”は、卵塊をくわえるための準備運動と考えられている。

[**産卵の瞬間**]

メスは熱烈な求愛の後に産卵し、
この状態でオスが卵塊に放精する。

[**卵塊の受け渡し**]

卵塊をくわえようとするオス。

[**放仔**《ほうし》]

放仔は海底から泳ぎ上がり行われる。少し間隔を開けて複数回行われるが、その前兆としてパタッと倒れる。

 撮影地　静岡県沼津市大瀬崎（7～8月）

愛のボディランゲージ――スナダコ

本項の主役であるタコは知的な行動から「海の賢者」とも呼ばれている一方で、一部の国では宗教上の理由から食用としないなど、文化的に見てもおもしろい生き物である。日本では古来からタコを食べる風習が根づいており、タコ焼き、タコ飯、刺身や唐揚げなど料理のバリエーションも多く、なじみ深いものである。またその昔、修行中の僧侶が骨もなく食べた痕跡も残らず生臭さもないタコを食べた末に「タコ坊主」と呼ばれたり、他にもタコ部屋、タコ足配線など、タコにまつわる言葉は無数にある。食に限らず、タコという言葉が私たち日本人の暮らしの中に根づいているのは、愛らしい姿だからこそだろう。

さて、そんなタコの中でも今回の主役であるスナダコは全長20㎝ほどの小型種で、種小名は *kagoshimensis* とあり、鹿児島を指す日本由来のタコである。またボツボツした顆粒状の体表と、眼の左右に暗色部があり、眼を跨ってその上下が白く縁取られているのが特徴だ。スナダコの和名の由来はその体表のボツボツが砂粒に似ていることと、生息域が砂地であることからきているようだ。

彼らの求愛・交接は水温が下がり始める秋の終わり頃、おもに夕方から宵《よい》の口にかけて行われる。この季節になるとオスは砂漠のような砂地で、捕食者の目を逃れながらメスを探し回る。命がけの恋の旅路、運よくメスを見つけることができても、いきなり抱きつくようなヤボなことはしない。彼は遠くからでも自分の姿に気づいてもらえるように、腕で体を直立させて彼女に自らをアピールする。彼女が逃げなければ少しだけ近づき、体色を変化させてアピール。そうなると彼女もまた体を白くさせることで彼からの恋のメッセージに応える。じれったいほど時間をかける愛のボディランゲージだが、体色を自在に変化できる彼らならではの愛の表現ではあるまいか。

彼女からの好意を感じつつ、それでも彼は彼女の反応をじっくりと確かめながら、距離をじょじょに縮めていく。そして、腕1本分の距離まで近づくと、ようやく腕を伸ばして静かに彼女に触れる。彼女が逃げなければ、彼の愛を受け入れた証拠。彼女からも彼の体に腕が伸びる。見ているほうが気をもむくらい、ゆっくりと時が流れる。お互い不器用だけれど「あなたしか見えない」――そんなやり取りがしばらく続き、やがて、彼は交接のための腕を彼女の体内に入れる。彼が腕を動かすと、彼女は体色を目まぐるしく変える。彼女が体を動かすと、彼の体色もさっと変わる。その瞬間はちょっと官能的だ。

学生時代、好きだった同級生に、あと一歩踏み出す勇気もなくただ近くで見守り、ようやく恋に発展……ちょっと臆病でぎこちない青春の恋の思い出――これがスナダコが貫く、愛の流儀だ。

スナダコ

遭遇率　★☆☆

観察できる海

千葉県以南の太平洋沿岸～九州南部、南西諸島の一部、富山県～九州北部の日本海沿岸の砂地や砂泥域。

繁殖シーズン

低水温期に移行する10～1月頃が繁殖盛期で、交接・産卵はこの時期の夕方から夜にかけて行われる。卵保護の期間は、水温にもよるが約1か月間。

撮影のコツ・難易度

10平方メートルに2個体以上いるような場所では求愛・卵保護の撮影チャンスが多いが、求愛の初期から見られること自体がまれで撮影難易度は高い。視力がよく少々シャイなので、無神経に近づくと求愛をやめてしまう。赤ライトが有効でレンズはマクロ、ワイドともに有効。

テーマ曲

「あなたしか見えない」(1979)
伊東 ゆかり
原曲「Don't Cry Out Loud」(1978)
Melissa Manchester

［恋の相手を探すオス］
体を伸ばして、より高いところに眼を持っていけば、遠くまで見ることができる。

［じっくりと愛を育む］
出会いはじめは相手に触れることなく体色変化させながら求愛。メスも体色を白くさせるなどして、その意思を伝えるようだ。

［交接］
メスに寄り添うようにして、交接のための腕をメスの体内に伸ばす。

［ヤドカリ？］
擬態中のスナダコ。この形で後ずさりするように移動する。

［抱卵］
カップ酒の瓶で卵を守る。開口部は石で完璧防御。スナダコは卵を産みつけず、持ち歩くことができる。

［天敵から卵を守る］
硬い骨を持たないタコは最高のごちそう。このウツボとの攻防戦は約30分にも及んだが、最後はウツボがあきらめて去っていった。

［ミジンベニハゼとは仲よし！］
抱卵中のスナダコと同居。しばしば見かける組み合わせだが、肉食のスナダコは他の魚とは同居しない。

撮影地　静岡県沼津市大瀬崎（10～1月）

浮気男と最後の女――ハオコゼ

ハオコゼは体長7～8㎝ほどのハオコゼ科の魚である。赤・白・褐色・黒の体色が地図のような模様になっていて周囲の岩礁によくなじみ、あまり動かず擬態《ぎたい》名人だ。その上、背ビレに毒を持つため、海岸生物の危険度ではいつも上位にランキングされている。和名の由来には諸説あり、体色が紅葉を思わせることから葉虎魚《おこぜ》とか、背ビレを歯のように立てる様子から歯虎魚などといわれている。同じ「ハオコゼ」の名を持つハダカハオコゼ（こちらはフサカサゴ科）に比べると、なんとも地味で目立たない存在である。

そんな彼らの恋の季節は5～7月頃。繁殖期になるとオスは小さな縄張りを作り、夕暮れ時にそこにメスを呼び込むようになる。夕闇の中、二人はただただ見つめ合う。彼は彼女の耳元でささやく。「僕が好きなのは君だけだよ。本当だよ」すると彼女「このまま寄り添っていてね……」。二人は動きも少なく、大きなアクションはない、恋愛には奥手なのだろうか。夕暮れの静かなひと時が続き、やがて辺りが漆黒の闇に包まれていく。すると、どこからか若いメスが彼の縄張りに尾ビレを〝ふりふり〟させながら入り込んでくる。卵が詰まったグラマラスな肉体を見せつけるかのように！

その妖艶な姿が引き金になったのだろうか、突然奥手だと思っていた彼が豹変する。今までずっと寄り添っていたのに「ちょっと、あのコのところに行って来るぜ！」とばかりに彼女をその場に置き去りにして、若いカノジョの元に堂々と泳ぎ寄るではないか。しかも彼はこともあろうに体を震わせて求愛、やがて二人は泳ぎ上がり産卵、そして何ごともなかったかのように元カノところに戻ってくる。その一方で、別の男が自分の彼女に近づこうものなら、彼女の体の上に乗って彼女の動きを封じ、実力行使で侵入してきたオスを追い出す。自分は浮気をするくせに、彼女は誰にも渡さない。

中には複数の彼女を相手にするモテる男もいる。羨《うらや》ましいというか、ロクデナシというか、次から次へとメスがやってきて、その都度求愛~産卵。こうなると嫉妬を通り越し呆れるばかりである。それでもその間、最初の彼女は彼の帰りを待つ。どんなに身勝手で理不尽な関係といわれようとも、そこには「最後の女」の座を射止めたという絶対的な自信の裏づけがあるのだろうか。

松任谷由実が作詞作曲した『魔法のくすり』にこんな一節がある。「男はいつも最初の恋人になりたがり、女は誰も最後の愛人でいたいの」――いろいろあっても、結局最後は自分のところに戻ってくる、最後に愛されているのは私という女のプライド――これがハオコゼたちが守り抜く愛の流儀だろうか。

ハオコゼ

遭遇率　★★★

観察できる海

本州青森県津軽海峡以南の日本海、三陸以南の太平洋岸～台湾付近の内湾のアマモ場や転石、砂混じりの岩礁帯。

繁殖シーズン

５～７月頃が繁殖盛期で、波静かな内湾的な海域が観察にお勧め。産卵は日没直後から２時間の間に行われる。日没後にペアでいる個体は、ほとんどがその日のうちに産卵を行う。

撮影のコツ・難易度

背ビレに有毒な棘《とげ》があるので、個体数が多いポイントでは細心の注意が必要。光にはやや敏感なので赤ライト使用が望ましい。産卵上昇に至るまでは動きがあまりないので、自分の勘を信じること。産卵上昇は素早く、撮影の難易度は高い。求愛はマクロレンズ、産卵上昇は準広角レンズでパンフォーカス撮影をするのがお勧め。

テーマ曲

「魔法のくすり」(1978)
松任谷 由実

[メスを奪い合うオス同士のにらみ合い]

他のオトコに奪われないように彼女の体に乗り、動きを封じるオス。オスがメスより多い場合、産卵直前までメスの上に乗っていることも。

[愛を育む二人]

オスは夕方から片時もメスのそばを離れない。ただし別のメスが目の前に現れなければ……

[オスからの求愛]

メスの前面に回り込んで体側誇示を行うオス。

[浮気!?]

オスは他のメスが求愛してくるとすぐに追いかける。

[最初の恋人になるために]

求愛にはいくつかのパターンがあり、頭をつけるのもその一つ。これはアゴ乗せの姿。

［**産卵**］
基本はペア産卵で素早く上昇。そこに縄張り内に隠れ潜んでいた別のオス（スニーカー）が突進してきた！

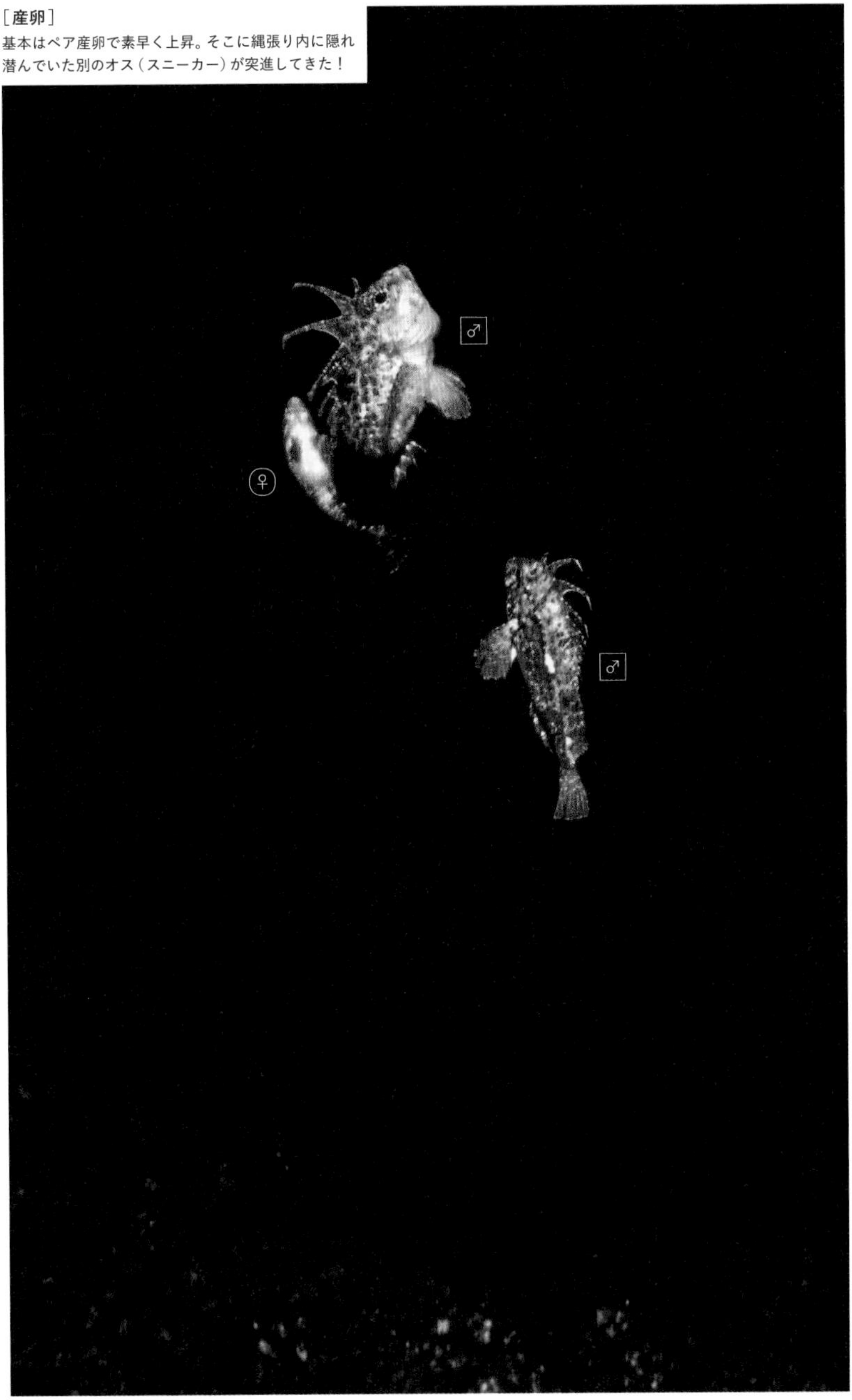

 撮影地　静岡県沼津市大瀬崎（４～６月）、山口県周防大島（７月）

夕暮れの抱擁 ——— カサゴ

北海道南部から九州沿岸まで、太平洋側・日本海側で見ることができるカサゴ。上品な白身で食用魚としての価値は高いが、ダイバーからすると動きは少なく、体色は海底と見間違うほどの擬態《ぎたい》名人で地味なことから講習か初心者の時にしか相手にされない魚だ。名前は、頭部が大きくて傘をさしているように見えることから俗称の「傘子」に由来するといわれている。地方名では「でかがしら」とか「がしら」と呼ばれることもある。

彼らの恋の季節は10月中旬頃から本格的になる。その時期になるとオスはしきりに自分の縄張りを巡回して侵入者に対して目を光らせる。カサゴはメスが胎内で卵を孵化させて子を産む卵胎生で、硬骨魚類の中では珍しくオスがメスの体内に交接器を入れる、いわゆる交尾をする魚だ。縄張りに来るメスは拒まず、これには私も賛成・納得である。だが他のオスが入り込もうものならすぐに噛みつき合いの大喧嘩《おおげんか》になる。闘争に勝てば領地は安泰、たくさんのメスに囲まれ、明るい未来が約束される。しかし、負ければ落ち武者の如く日陰で生きなくてはならぬ。魚の世界もなかなか厳しいのである。

夕方になると、彼は縄張り内を回遊して彼女の元へ急ぎ、横に並ぶ。すでに他の男と交尾を済ませている場合は彼を尻目に泳ぎ去ってしまう。一方、彼女が去らなければこの恋は〝少々脈アリ〟とみていい。彼は胸ビレでそっと彼女に触れながら反応をうかがう。それでも彼女がそこを去らなければ求愛はエスカレートして、彼女の上でホバリングしながら胸ビレを使って猛烈アタック。その様子は「ねぇねぇ、ボクと付き合わない？」と甲斐甲斐しく誘っているようで、同性の僕はカメラをギュッと握りしめ「頑張れ!!」と応援したくなるのだ。

求愛はさらに激しさを増し、彼は彼女に触れながら右へ、左へ、さらには馬乗り状態になって胸ビレでやさしく撫《な》でるといよいよ彼女からOKサインが出る。その交尾承諾のサインは〝あくび〟である。撮影する側としてはこのサインが出たら臨戦態勢、10分もしないうちにその時がやってくる。彼女はスーッと泳ぎ出し、彼は併走しながら絡みつく。二人は中層で抱き合ったまま数秒間静止、交尾の瞬間である。

秋風が肌身に沁みる季節、夕暮れの海の中で熱い抱擁を交わす——それがカサゴの愛の流儀だ。

カサゴ

遭遇率　★★☆

観察できる海

北海道南部以南～伊豆諸島～九州だが、生態行動を観察するには水深が浅く、個体数が多い場所で、夕方も潜れる場所がいい。

繁殖シーズン

交尾は9月下旬～12月上旬の夕方。放仔《ほうし》は水温にもよるが、12月下旬以降の日没後3時間以内に行われる。

撮影のコツ・難易度

求愛・交尾は、縄張りオスを追いかけていけば観察できる。放仔は、日没後に腹がはちきれるほど膨らんだ個体が岩の頂上付近にいれば可能性は高い。放仔の撮影には微光量の赤ライトが必須。撮影難易度は、交尾は速いものの撮影は難しくない。放仔は瞬間的な速い動きなので難易度はかなり高い。標準系マクロ、望遠系マクロが有効。

テーマ曲

「My Love」（1973）
Paul McCartney & Wings

［傷だらけのオス］

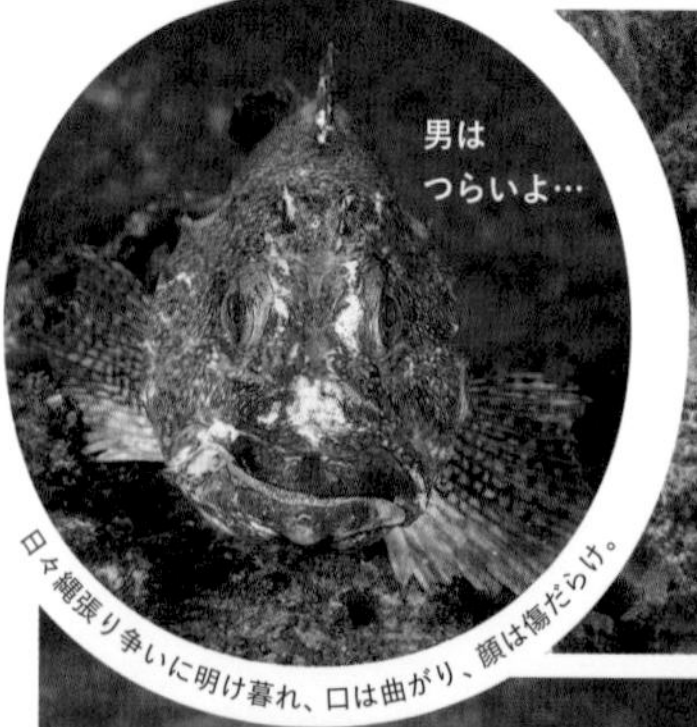

日々縄張り争いに明け暮れ、口は曲がり、顔は傷だらけ。

［俺の縄張りに入るな！］
オス同士の噛みつき合いの喧嘩。

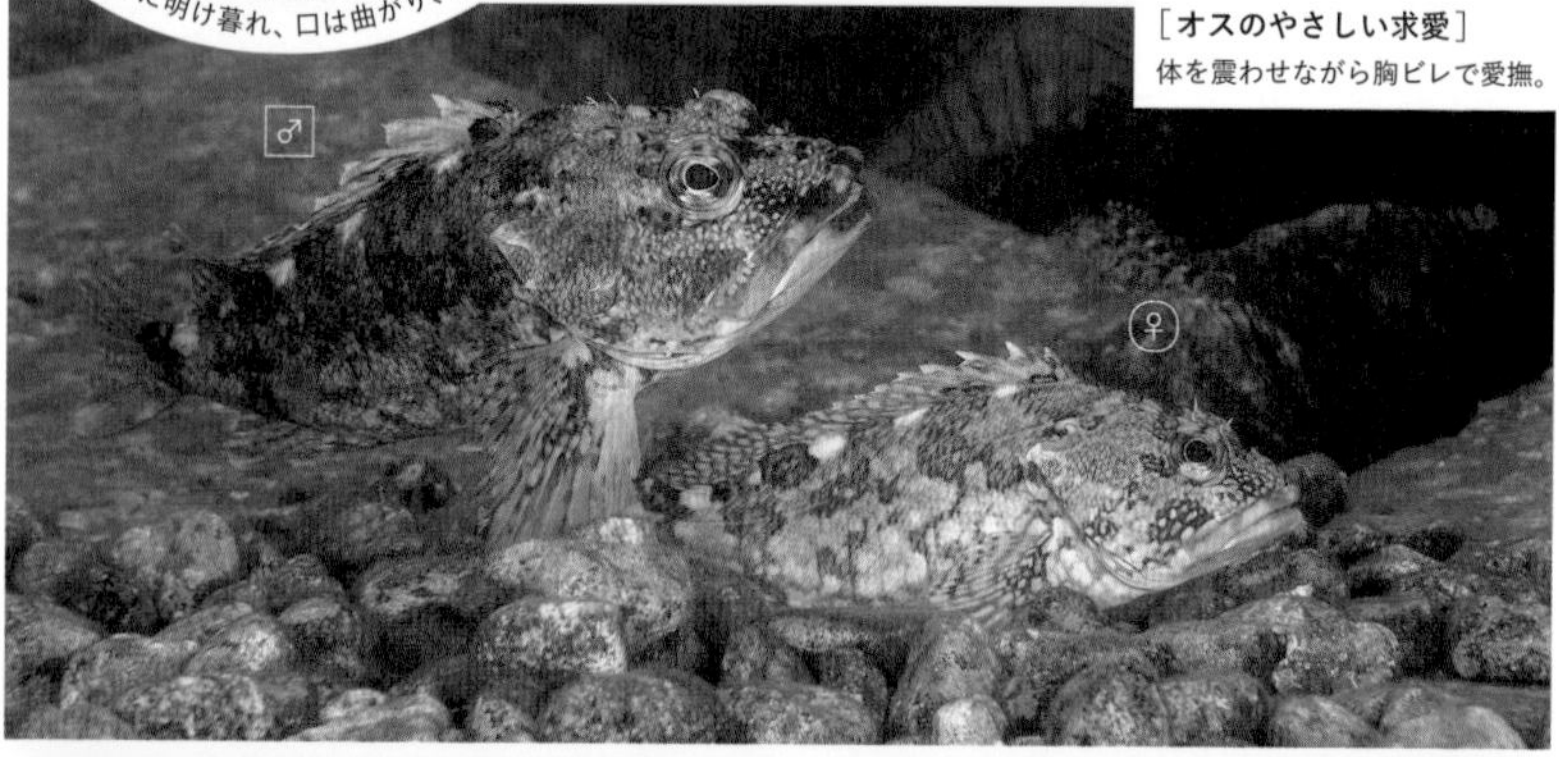

［オスのやさしい求愛］
体を震わせながら胸ビレで愛撫。

［メスのOKサイン］
ちょっと滑稽だが、メスの"あくび"は交尾OKサイン。

撮影地　静岡県沼津市大瀬崎（求愛・交接10月、放仔《ほうし》1月）

［交尾］
絡み合い、数秒間静止するペア。
まるで愛を確かめ合っているようだ。

［放仔］
交尾から２か月近く経った真冬の夜、メスはロケットのように泳ぎ上がりながら稚魚を放出。

黒真珠《ブラックパール》に託した親心 ――シリヤケイカ

シリヤケイカは、澄みわたった、きれいな海には生息していない。その上、体色は地味で、食べてもさしておいしくない。おまけに名前が「尻焼け」である。しかし、私にとっては撮影に十数年も挑戦してきた〝憧れの君〟だ。ほとんどのコウイカ類は定住性が高いが、このイカは長い距離を移動し回遊するため、出会うことすら珍しいのである。私が憧れるもう一つの理由は、真っ黒な卵。通常、イカの卵は乳白色だが、黒真珠のような卵を一つ一つ海藻に産みつけるのである。

さて、彼らのユニークな名前は、胴の先端の尾腺《びせん》口に由来している。水中ではさほど目立たないが、水揚げの時にここから赤褐色の分泌液が流れ出し、尻の穴が薄汚れて見えるのである。島根県では尻腐《しりくさ》れという名前までもらっている。

そんな色気のない名前を命名されたシリヤケイカであるが、彼らの愛の営みはどのようなものだろう。季節は海の水が浅葱《あさぎ》色になる春の頃。背の低い海藻がまばらに生えていて、あまり色がない小石の海底に地味な色で擬態《ぎたい》しているイカの姿を想像してほしい。メスは体内に卵を持っているのでややポッチャリ系、その横で少し大きめのオスがガードするように寄り添っている。しばらくするとオスが集まり始めた。シリヤケイカは産卵期中盤を過ぎると体力の消耗がより激しいメスから数を減らしていくので、数が少なくなったメスに多くのオスが群がることになる。

男たちは一人の女を巡って対峙する。当然、男同士の闘争となるのだが、まずは体比べである。胴を伸長させて自分を大きく見せながら、体色を黒と白の目立つ2色に変身させる。これで決着がつかなければ、取っ組み合いの喧嘩《けんか》へと発展していく。一方、彼女は強い男には心惹かれるものの、来るもの拒まず、私を奪ってくれる彼を待ちながらパートナーを次々と変える。「かわいいふりして」なかなかやるもんだ。そして、自分の墨を表面に塗りつけた直径1㎝ほどの卵を海藻に産みつけていく。墨の成分は捕食者にとって忌避性《きひせい》があるとも、抗菌物質があるともいわれている。産みつけられた海藻は黒真珠のネックレスをまとっていくように見え、シリヤケイカ推しの私としては、「これだけで絵になる」と思っている。

黒真珠には魔除やお守りの意味があると聞く。将来を託し、卵を黒い色に塗るのは親心か——それがシリヤケイカたちの愛の流儀である。

シリヤケイカ

遭遇率　★☆☆

観察できる海

太平洋岸では茨城県那珂湊～九州南部、日本海側では富山湾以南に分布し、韓国、中国沿岸にも生息する。岩礁域から砂地まで生息環境は広いが、沿岸性イカ類中最も見つけるのが難しい種。

繁殖シーズン

4～5月頃が繁殖盛期。内湾に来遊し、日中、産卵床となる藻場で交接・産卵などが見られる。産卵が確認できている場所は非常に少ないので、現地ダイビングガイドから情報を入手することが第一条件。

撮影のコツ・難易度

時間をかけて、相手にストレスを感じさせないようにしながらチャンスを待つという撮影スタイルが重要だ。個体はやや大きいが神経質なので、標準系マクロか準広角レンズが有効。

テーマ曲

「待つわ」（1982）
あみん

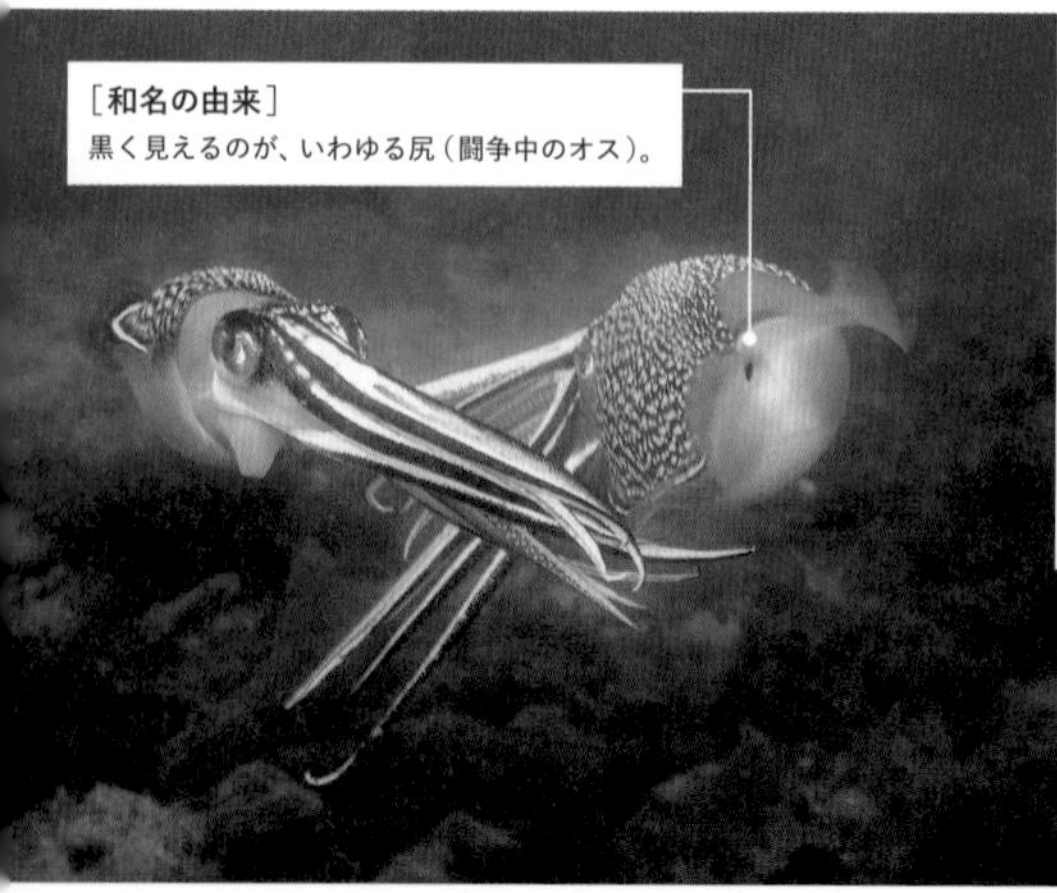

［和名の由来］
黒く見えるのが、いわゆる尻（闘争中のオス）。

［大回遊するイカ］
胴長は20cmほど。コウイカ類としては珍しく大回遊をする種。

［メスを巡る闘争］
1匹のメスを巡って3匹のオスが体色を劇的に変化させて戦う。メスはその成り行きを見守るだけだ。

［交接］
前ぶれもなく真正面から力ずくで抱きつき、交接。情緒のかけらもないが、見ている側はけっこうドキドキする。

［卵塊］黒真珠のネックレスのようだ。

［産卵］
数日間かけて漆黒色の卵を１粒ずつ産みつける。

撮影地　山口県長門市青海島（５月）

恋は体力勝負

——キンチャクダイ

キンチャクダイは約20㎝になるヤッコの仲間だ。江戸時代末期、シーボルトが日本から持ち帰った標本を元に学術記載が行われた、なかなか由緒正しき魚である。キンチャクダイという標準和名は、その当時の神奈川県江の島での呼び名で、巾着のような卵型の魚体に由来する。ダイバーにとっては南日本沿岸の普通種であるから注目度はそう高くはないが、世界中のアクアリストにとっては「エキゾチックな感じがする」と超がつくほどの人気魚種らしい。同属のアカネキンチャクダイは、キンチャクダイとキヘリキンチャクダイの交雑種という可能性が指摘されていて、まだまだ謎の多い魚たちだ。

さて、彼らの恋愛模様を見てみよう。たとえば、デートの待ち合わせ場所の木陰に隠れ、彼を待つ彼女を想像してほしい。しばらくすると彼が颯爽と現れる。彼の姿を見つけた彼女は「私はここにいるわ」と、木陰から身を乗り出すように姿を現す。それに気づいた彼は足早に彼女に近づくが、彼女は逃げるように走り去ってしまう。戯れのようにも見える男女の行動、これこそがキンチャクダイの愛情確認だ。

全力で泳ぐ彼女、それを猛追する彼、しばらく行くと岩棚のくぼみで彼女はストップする。すぐに彼が追いつくと、二人はクルクルと円を描くように絡み合う。そんな行動が数分間続いたかと思うと、彼女はまた猛ダッシュで行ってしまう。追いかけてくる彼を時々立ち止まるようにして確認すると、また逃げるように走り出す。とにかく泳ぐ、それを最後尾で追いかける私はヘロヘロだ。この追いかけっこは縄張り内で行われ、時には100m以上に及ぶこともある。

さあ、ここからが物語のクライマックス。ずっと逃げていた彼女がスピードダウンする、これは「合格よ」のサイン。すると彼は彼女の前に回り込み、猛アピールを始める。これでもかというほどに彼女に自分の姿を誇示し、求愛するのだ。そして彼は口先を使って、彼女の下腹部をつつくようにしながらゆっくりと上昇していく。さらに彼が口先で産卵口をつつく。その行為がきっかけとなり、彼女も彼を受け入れ産卵となる。体力比べという方法でパートナーを判断する、そこに感動と驚きを覚えるのは私だけではないはずだ。

逃げて、追いつき、また逃げる。押したり引いたり、夏の夕暮れ時に繰り広げられる熱い恋の駆け引き。これがキンチャクダイたちの愛の流儀だ。

キンチャクダイ

遭遇率　★★☆

観察できる海

千葉県以南〜九州南部の太平洋沿岸、山形県〜九州西岸の日本海沿岸、南西諸島の一部、済州島、台湾、ベトナム。水深30 m以浅の岩礁域。

繁殖シーズン

本州南岸では5月中頃〜8月が繁殖期。オスの縄張りに複数のメスがいて、日没間際にペアでナズリングをしながら上昇して産卵が行われる。

撮影のコツ・難易度

日没前後の岩礁域で縄張りを探せば産卵を見ることができる。大型の個体同士の求愛はかなり泳ぎ回る体力戦となるので、それなりの覚悟が必要になる。撮影には標準系マクロ、望遠系マクロレンズが有効。

テーマ曲

「The Summer of '42
(邦題：おもいでの夏)」(1971)
Michel Legrand
映画「おもいでの夏」オリジナルサウンドトラック

［小休止の戯れ］
逃げるメスを猛追するオス。その合間に小休止し、円を描くようにしながら激しく絡み合う。

［産卵間近］
産卵が近くなると、オスは並走しながら体を傾け、メスの前に回り込むような行動をとる。

［産卵直前］
オスが口でメスの下腹部を刺激するナズリングをすれば、産卵は間近。

［産卵の瞬間］
卵膜に包まれた卵は、産み出された直後に破れて１粒１粒に分離し、そこにオスが放精する。

［ウツボとの関係］
肉食であるウツボの口先に回り込み、何かを“ねだる”ような姿を何度か見かけている。だが、この２種がどのような関係なのかは解明されていない（柏島７月）。

カメラマンは見た！　謎多き行動

［アカネキンチャクダイに求愛］
しばしば見かけるキンチャクダイとアカネキンチャクダイのペア。求愛行動は確認しているが、産卵はいまだ観察されていない（柏島４月）。

撮影地　鹿児島県鹿児島市、高知県幡多郡大月町柏島（６～７月）

女王様のために出撃せよ！――メシマウバウオ

本書は、海に住む生き物の求愛や産卵などの姿を撮影し、文章とともに紹介したもので、多少の脱線はあるものの、基本的に事実に即したLove Storyである。だが、今回はしょっぱなから読者の皆さまに懺悔《ざんげ》せねばならない。じつは、このメシマウバウオに関しては、求愛や産卵の写真が「いっさい、無い」のである。「すっとこどっこい、バカヤロー」やら「ペテン師カメラマン」と罵《ののし》られるのを覚悟しているが、限られたページ数の中であえてこの種を選んだのは「メシマウバウオのおもしろさを人に語らずして、墓には入れぬ」それほどまでにヤツらはおもしろいからだ。

メシマウバウオは繁殖期と思われる時期以外は、どこにいるのか、何をしているのか、そもそもどのような繁殖形態なのかすら、まったく解明されていない。そんな謎多き彼らの素性であるが、メシマウバウオの種小名である *meshimaensis* は長崎県男女群島の女島《めしま》を示し、和名も女島からきている。浅海の目立たないところに住む2～3㎝の小魚で、他の魚が産みつけた卵を食べることでも知られている。数年間にわたって彼らを追いかけてきたが、卵以外を食しているのを見たことがない。人に置き換えると、昨日は大盛り明太子丼、今日は特盛イクラ丼、明日は数の子に子持ちシシャモ。尿酸値が上がり、痛風におびえる魚卵大好物の私にとって、つくづく羨《うら》やましい食習慣である。

では、どのように卵を食べるのか。狙うのは海底に産みつけられた卵である。たいてい親魚が保護しているので、まさに攻防戦、「卵を守る親魚」vs「親魚の眼を盗んで食いぶちを得るメシマ」の図式が成り立つ。

メシマウバウオはベースとなる場所に集結して横並びで待機する。そこから次々に出撃して、物陰となるような場所に第一ベースキャンプ、第二ベースキャンプと、素早く卵の近くまで前進し、チャンスを待つ。うまくいけば卵を手に入れることができるが、親魚の反撃も容赦なく、追いかけられ、時には噛みつかれ、中には命を落とすものもいる。

そんな攻防戦の中で注目すべきは、メスと思われる大型のメシマウバウオの存在。ベースキャンプでは少数見かけるが、卵に突撃するのを見たことがないのである。その一方で危険を冒してまで突撃を繰り返す男たち。まるで女王様に絶大なる信頼と服従を誓う親衛隊のようであり、彼らが女王様にご馳走を差し出しているのかもしれない。

男たちが命を賭けて卵を取りに出撃し、女王様に差し出す。このような愛の流儀を想像するだけでも、結果を得られない数年間が無駄ではなかったと思うのである。

メシマウバウオ
遭遇率　★★☆

観察できる海
本来は長崎県男女群島のみに生息とあるが、本項のメシマウバウオは未記載種（*sp.*）ではないかともいわれ、伊豆半島、伊豆諸島、紀伊半島南岸、足摺岬周辺、九州南岸の潮通しのいい岩礁域の浅い場所で、亀裂や空貝殻に生息している。ただし、探し当てるのが難しい。

繁殖シーズン
5～7月頃が繁殖盛期と思われ、摂食行動が盛んになり、他の魚種の定着卵を食べることで知られる。産卵の観察例はほとんどない。

撮影のコツ・難易度
岩の亀裂に集結することが多いので、取り回しが楽なコンパクトな機材が有利。一眼レフやミラーレスでもストロボなどはコンパクトに。フォーカスライトは必需品で、攻防戦や卵食は一瞬なので難易度は高い。標準系マクロ、望遠系マクロともに有効だが、やや離れてのライティングのしやすさから望遠系マクロの使用がお勧め。

テーマ曲
「狙いうち」（1973）
山本 リンダ

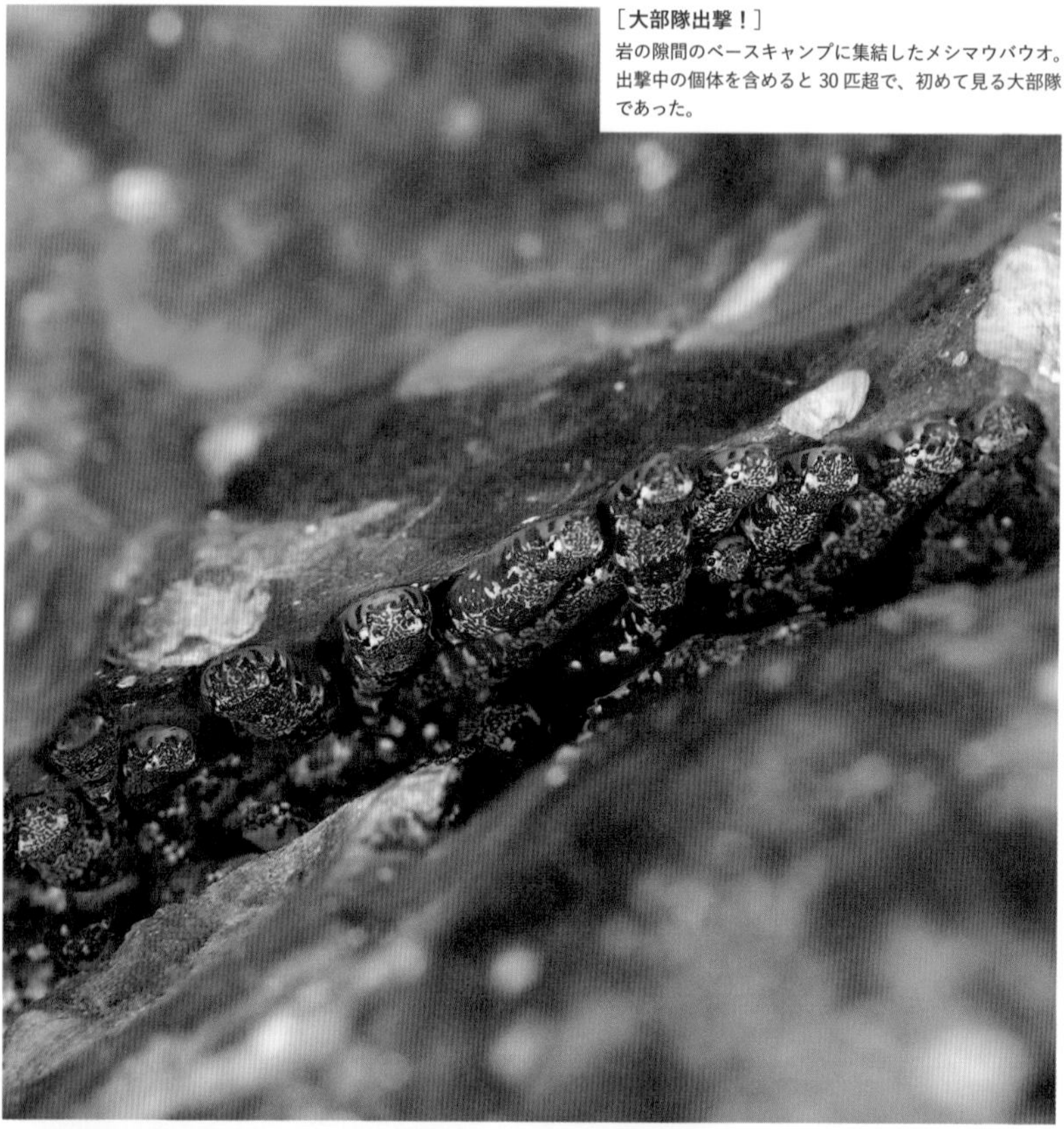

[大部隊出撃！]
岩の隙間のベースキャンプに集結したメシマウバウオ。出撃中の個体を含めると 30 匹超で、初めて見る大部隊であった。

[いただきま〜す]
セダカスズメダイの卵を頂戴するが、親魚はすぐに気づいて排除しにくる。一瞬の戻り遅れで命を落とすこともある。

[小部隊出撃！]
空き貝殻に集まる小部隊。一回りほど大きな個体は最奥に陣取ることが多く、それがメスなのかもしれない。

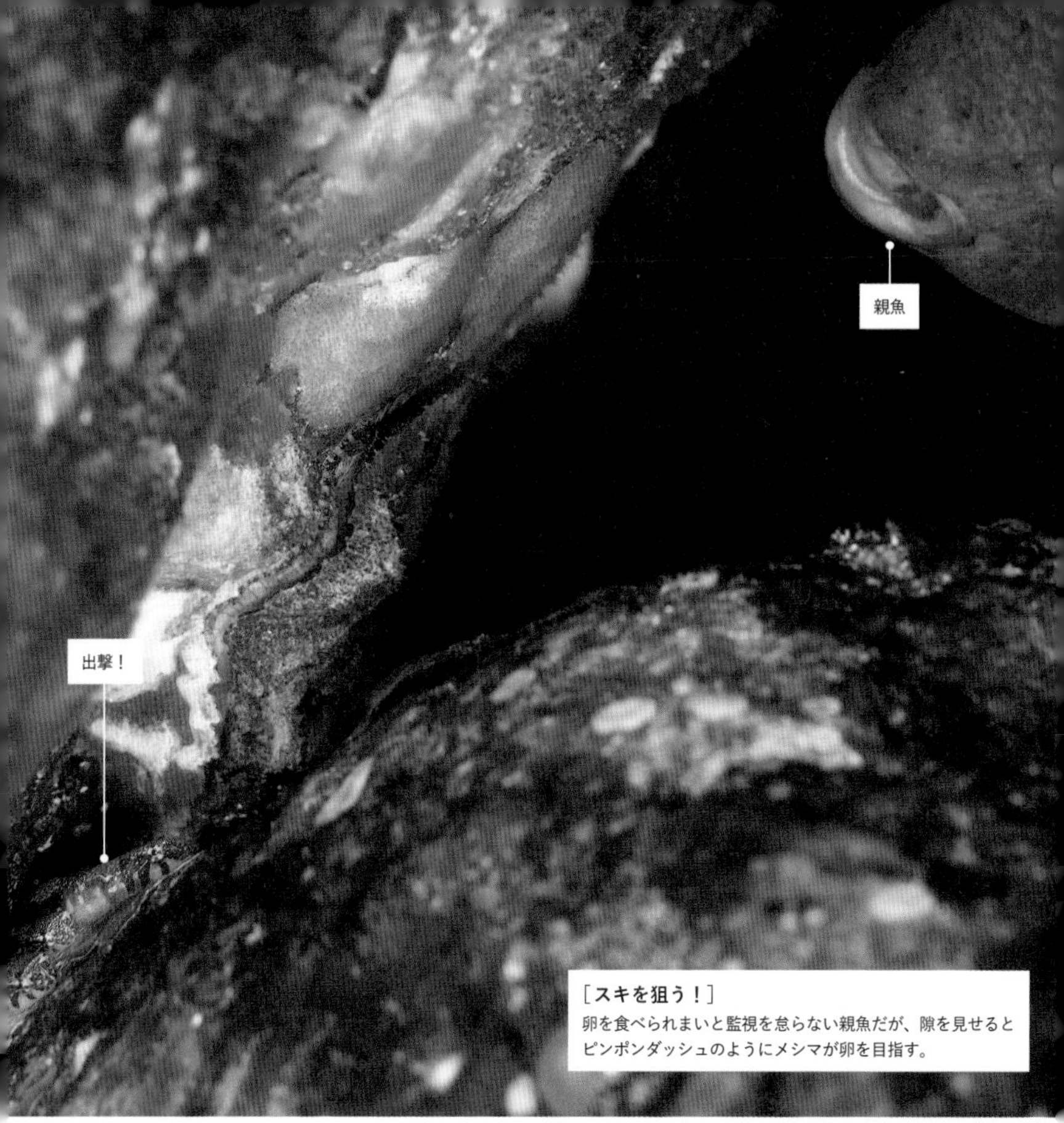

［スキを狙う！］

卵を食べられまいと監視を怠らない親魚だが、隙を見せるとピンポンダッシュのようにメシマが卵を目指す。

［親魚の逆襲］

一瞬、親魚に食らいつかれたが、このメシマは瀕死の重傷を負いながらも生還してきた。

［作戦成功！］

ここまで近づけばヨゴレヘビギンポも気づきそうなものだが、産卵することに一生懸命な上、見事に死角に入っている。

撮影地　高知県幡多郡大月町柏島（6月）

恋を引き寄せる大ジャンプ――ニラミアマダイ

本項の主役、ニラミアマダイは一般的にジョーフィッシュと呼ばれるグループの魚で、体長は7㎝ほど、太平洋側に多い近縁のアゴアマダイ類より一回りほど小さいことから「ヒメジョー」とも呼ばれている。水深8～20m程度の小礫《しょうれき》まじりの砂地に生息していて、オスが口内で卵を保護・子育てを行う。

ニラミアマダイが属するグループの大きな特徴は、なんといっても愛らしい丸顔だ。通常、魚類の眼は正面から見ると左右の側方にある。これにより視野が広がり、前後左右、さらに上下からも狙われる危険性のある水中において、いち早く外敵が発見できるというメリットがある。一方、丸顔のニラミアマダイのように両眼が正面を向いている魚類は、視野は狭くなる半面、両目で一つのものが見られる。そのため立体的に認識でき、距離感を正確に測ることができる。海底の巣穴に住む彼らにとって、正確な距離感を持つことは捕食者から身を守るためにも、餌を摂食するためにも大切なことだ。そしてこの正面寄りの眼こそ、彼らの表情の豊かさ、愛らしさを際立たせ、その姿に心惹かれるのは私だけではないだろう。

さて、そんなジョーの恋愛話である。求愛は早朝に始まる。まだ寝ている魚たちも多い静かな海底で、彼らの体色は砂地と同化する保護色、動きもほとんどない。カメラ片手に眼を凝らして周囲を見渡すが、ときどきカッポカッポと小さな音がするだけである。何の音かはわらずじまいであったが、海底がやや明るくなった7時ごろ、巣穴で頬《ほお》を大きく膨らませたオスを発見した。

その瞬間は急に訪れた。彼は巣穴から一気に垂直にジャンプ、全身をあらわにして一瞬静止したかと思ったら、尾ビレから巣穴へと戻っていった。早朝の一時しか行われないこのジャンプ、常に海底の巣穴で住み暮らす彼が、周辺に住む彼女たちに存在をアピールするためのものだ。ひょっとしたら、あの小さな音は〝求愛ジャンプ〟を彼女に知らせるための前触れだったのかもしれない。彼の存在に気づいた彼女たちは、彼の巣穴へと赴き、産卵をしているようだ。穴の中の出来事ゆえ、詳細は不明だが、その後、口の中で卵を保護する彼の姿が目撃されている。

普段は巣穴からわずかに顔を出すだけの彼らが、ときに大胆なジャンプでしっかりと出会いのチャンスをつかむ。それが彼らの愛の流儀だ。後日、命がけの大ジャンプで恋を射止めた彼の口から、わずかな光に照らされてキラキラと舞い上がる仔魚が見えた。

ニラミアマダイ

遭遇率　★☆☆（繁殖行動に関して）

観察できる海

東京湾～長崎湾の砂礫底《されきてい》に巣穴をつくり、その巣穴から出ることはほとんどない。

繁殖シーズン

水温が上昇する５～９月初旬頃が繁殖期で、オスの求愛ジャンプは朝方の短時間に見られる。産卵はその翌日の日の出前にオスの巣穴内で行われているようだが、詳細は不明。放仔は日没後以降に行われる。

撮影のコツ・難易度

神経質なので、求愛ジャンプは頻繁には行われず、数回なので意識を集中させないと撮影は難しい。放仔に関しても赤ライトでかすかに見えるくらいの光量での撮影が必須である。求愛・放仔ともに撮影難易度が高いため、生態を熟知したガイドのサポート・同行は欠かせない。求愛ジャンプは遠くから狙える望遠系マクロ、放仔は被写界深度が深い標準系マクロが有効。

テーマ曲

「Just the Way You Are
（邦題：素顔のままで）」
（1977）
Billy Joel

表情の豊かさがダイバーたちを虜にしている

[巣穴掘り]
ただ穴を掘るだけではなく、内部はかなり緻密に作られている。（撮影：小川 智之）

［**オスの求愛ジャンプ**］
早朝に数回だけ行うようで、そのチャンスをものにするのはなかなか難しい。（撮影：小川 智之）

［**日没後の放仔《ほうし》**］
卵はオスの口内で保育され、日没後の真っ暗闇の中、放仔される。稚魚はしばらく浮遊生活を送る。

煌《きらめ》く愛の終焉

ホタルイカ

「ホタルイカ」と聞いてあなたは何を想像するだろうか。赤ちょうちんが誘《いざな》う居酒屋のカウンターで熱燗にホタルイカの沖漬け、またはホタルイカのパスタに白ワインもいいかな……こんな思いが脳裏をよぎるようなら、あなたは肝臓の心配をしなくてはならないほどの呑兵衛《のんべえ》に違いない。はたまた、星空の下で青白い光が宝石のようにちりばめられた夜の波打ち際、そう「ホタルイカの身投げ」という現象に感動して涙するのなら、あなたはなかなかのロマンチストである。それともまた、晩春の季語である蛍烏賊《ほたるいか》で一句ひねろうものなら、あなたはかなりの風流人である。いずれにせよ、食べてよし、愛《め》でてよし、ホタルイカは私たちを楽しませてくれる愛すべき生き物である。

ホタルイカは日本近海の深海域に生息する固有種である。その水揚げで知られる富山市から魚津市にかけての海域は、産卵期になるとホタルイカが表層域まで上がってくることから「ホタルイカ群遊海面」として国の特別天然記念物に指定されている。これほどまでに大きな群れが沿岸近くに押し寄せる光景は他では見ることができない。また、このイカは発光することで有名で、ルシフェリンとルシフェラーゼという発光促進物質が混合することによって反応が起こる。熱を持たないため「冷光」と呼ばれ、腹側にある数百の発光器を光らせることで、明るい水面に同化して、下の捕食者から身を守るといわれている。眼周辺にも数個の発光器があるが、その用途はいまだに不明で、発光を見た者はいない。さらに腕には大型の発光器があり、激しい光で捕食者を驚かせ、その隙に逃げる生存戦略に使われている。

普段は水深200〜600mの暗黒の世界で暮らしている彼ら、愛を表現するために光を使っていることはあり得るだろう。真っ暗闇の海底で数万匹のイカが発光しながら互いの腕を絡ませ相見《あいまみ》える姿を想像しただけでも興奮してしまうが、その求愛行動はいっさい闇の中である。交接を終えたメスは日暮れとともに水深100〜30mほどに浮き上がり、深夜までには産卵を終えるが、その時にはもうオスの姿はない。

「ホタルイカの身投げ」はこの産卵期に見られる現象で、月明かりのない朔月《さくげつ》、南風が穏やかに吹く日の深夜から未明前に満潮を迎える時に限って起こる。産卵を終えた彼女たちは次々と浜に打ち上げられ、暗闇の波打ち際で強烈な光を放つ。深海で密かに行われる愛の儀式を終え、最後の輝きを魅せる彼女たち、まるで愛の終焉を急ぐかのように……。

40万人が暮らす大都市の浜辺で繰り広げられる奇跡の出来事。愛に生きた最後の煌《きらめ》きが、浜辺を藍色に染めていく。そんな彼女たちの愛の流儀をこの眼にやきつけるために、私は今日も富山の海岸で待っている。

ホタルイカ

遭遇率　★☆☆

観察できる海

日本海全域とオホーツク海や太平洋側の一部に生息する。数百万匹単位で海岸近くまで押し寄せるのは近縁種も含めて富山湾だけ。

身投げ・産卵シーズン

身投げは2月下旬から5月上旬頃までの新月回りで、22時以降〜明け方1時間前ぐらいまで。雨の日にはまず見られない。身投げのシーズン中、滑川では20時以降に水中で産卵シーンを見ることができるが、深夜0時までには産卵は終了する。

撮影のコツ・難易度

身投げの多い時にはダイビングポイントでも遭遇率が高くなる。身投げの撮影では三脚は必須で、砂浜での長時間露光になるので大型でしっかりしたものがいい。近年は週末ともなると人出が多く、その懐中電灯によって撮影が難しくなり、撮影難易度は年々高くなっている。撮影場所の選択などが重要な鍵になる。

テーマ曲

「They Long to Be Close to You（邦題：遥かなる影）」（1970）
Carpenters

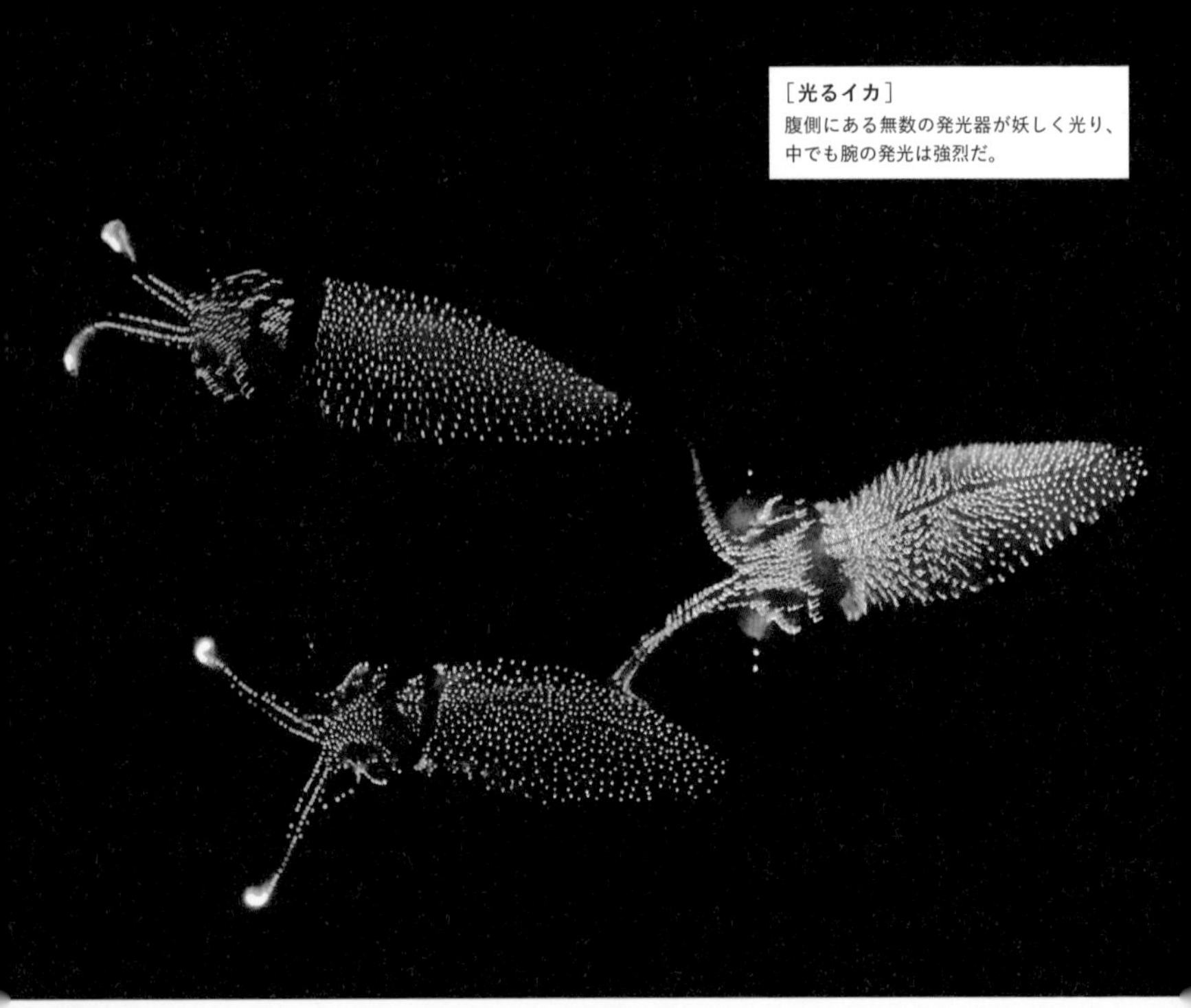

［光るイカ］
腹側にある無数の発光器が妖しく光り、中でも腕の発光は強烈だ。

［産卵中］
腕から伸びる一筋の卵。少しの運があれば滑川のナイトダイビングで見ることができる。

［身投げ］
波打ち際が青く染まる。一瞬の夢かと思うような幻想的な美しさ。奇跡の出来事だ。

［身投げのイルミネーション］
マクロレンズでボケ感を活かしてイルミネーションのように表現するのも一興。

［ホタルイカの沖漬け］
富山湾産のホタルイカは身が大きく、漁場が近いため鮮度抜群。秀逸の一皿だ（食彩活采／富山市）。

［波打ち際の大群］
大規模な身投げの時にだけ見ることができる。

撮影地　富山県富山市、滑川市（３～５月）

あぁ、男の悲哀 女たちの仁義なき戦い――オビアナハゼ

オビアナハゼは体やヒレに赤っぽい色を持ち、むら雲状の褐色横帯がある全長15㎝程度の小魚である。分布域が広く普通種ではあるが、その生態はなかなかおもしろい。まず、交尾をする。そしてメスに送り込まれた精子はメスの体内に貯蔵され、産卵の時に受精する「体内配偶子会合型」という独特の繁殖方法をとっている。メスがどのようにして精子を長期間貯蔵するのか、また複数のオスの分まで持っているのか、詳しいプロセスは解明されていない。交尾自体はやや深い海底付近で、腹合わせになって数秒間抱き合うようにして行われる。その光景は、本能という一言で終わらせることができないほど艶《あで》やかだ。

季節は晩秋、オビアナハゼの男たちが縄張りを主張し始める。他の多くの魚の場合は力のぶつかり合い、つまりパワーバランスが決め手となるが、オビアナハゼの場合は驚きの方法で優位オスを決める。まず、彼らは向かい合うようにして睨《にら》み合う。「おっ、いよいよ来るぞ!」壮絶な噛みつき合いを予感してカメラを構える。しかし、いつまで待っても噛みつき合いは始まらず、お互いの腹を見せるように向き合って立ち泳ぎをしているだけだ。その状態をよく見ると、なんと、なんと彼らは交接器を見せ合っているのである。「ええっ、ソレ～～!?」である。下衆《ゲス》な話で恐縮だが、大きさ比べなのか、形なのか、それとも彼らだけがわかり合える別の尺度なのか? ともあれ、勝負がつくのは一瞬である。僕にはワカル、同じオスとして大浴場の脱衣所、裸で向かい合った瞬間に勝ち負けが決まる。勝ったものは胸を張って脱衣所の真ん中を浴場へと進む。一方、敗者は浴場内で体を洗う時も隅の隅、借りてきた猫状態である。あぁ男の悲哀、心から同情申し上げる。

次は愛を託された女たちの番。彼女たちもまた、いい産卵床を巡ってなかなか厳しい戦いに身を置くことになる。それは勝ち残った1人だけがいい産卵床を独占できる「女王の座」を賭けた戦いである。睨み合い、そして小突き、また睨み合う、ガンの飛ばし合いによる持久戦である。その小競り合いに勝てば女王様の専用ベッドが独り占めでき、敗れれば小さなベッドに肩を寄せ合って共同使用する。しかし、一度女王の座についたからといって安心はできない。産卵床から少しでも離れれば、待っていましたとばかりに別のメスが横取りしてちゃっかり産卵、そうなると、ここでもまた女王の座を賭けたガンの飛ばし合いが勃発する。もう男も女も愛だの恋だのそっちのけで、見た目勝負、ガンの飛ばし合い、メンツをかけた戦いだ。

男たちの悲哀漂う〝見せ合う勝負〟、女たちの〝女王の座〟を巡る仁義なき戦い。あぁ、あの時育んだ二人の愛はいずこに——これがオビアナハゼの愛の流儀である。

オビアナハゼ

遭遇率　★★☆

観察できる海

青森県以南〜九州の日本沿岸域、済州島。日本およびその近海の固有種。水深10〜30mの岩礁域。

繁殖シーズン

晩秋頃が交尾の盛期で、産卵は晩秋から冬。ザラカイメンやムラサキカイメンなどのカイメン類に産卵することが多い。交尾もその周辺部で行われる。

撮影のコツ・難易度

交尾を見るのはかなり難しいが、産卵は観察しやすい。産卵床となる場所を探すメスを見つけたら、同じ場所で数日間産卵するので連続で撮影できる。速い動きではないので難易度はそう高くない。標準系マクロ、望遠系マクロならすべてのシーンを撮影できる。

テーマ曲

「Can't Take My Eyes Off You（邦題：君の瞳に恋してる）」(1982)
Boys Town Gang

［女王様のベッド検分］
気に入ると左右の眼で交互にチェック、カイメンの中を見つめるまなざしが印象的だ。

［女王様の産卵］
カイメンに産卵管を差し込み、口を大きく開けながら卵を奥深くに産みつける。

［餌食］
産卵床の間口が広かったり、産みつけたところが浅かったりすると、他の魚たちに卵を狙われる。

［戦いに敗れた女たち］
小さな産卵床を共同使用（申しわけないが産卵のシャッターチャンスは倍に！）。

［恋の始まり］
メスのご機嫌をうかがいつつ交尾のチャンスを待つ。見せ合いに勝ったオスということだろうか。

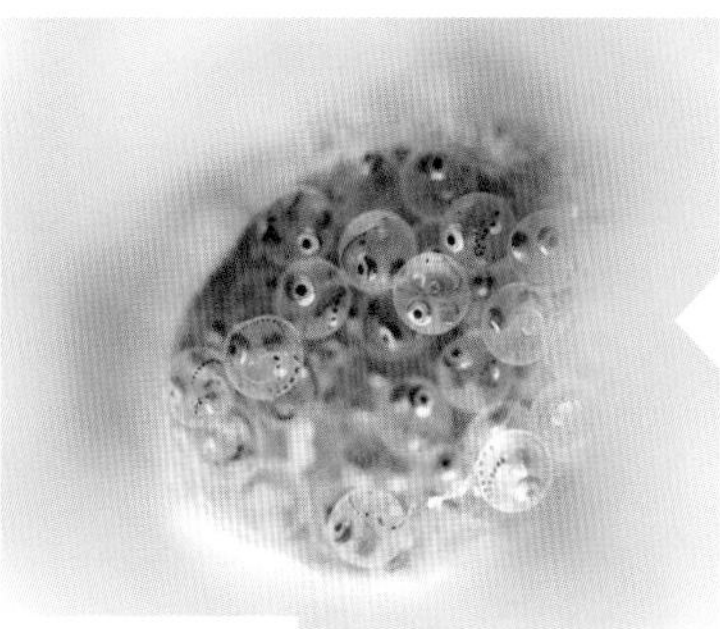

［産卵から約１か月］
孵化間近！

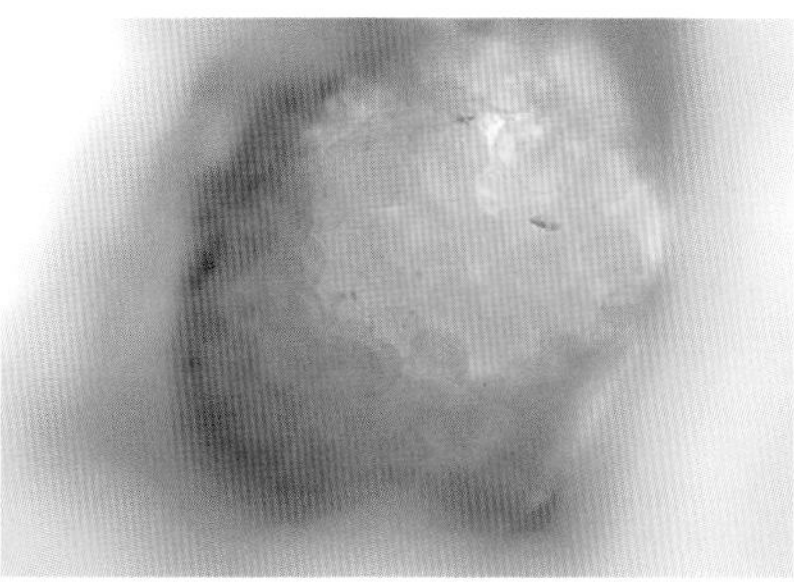

［産卵直後の卵］
カイメンには抗菌作用があるといわれ、水のろ過もすることから最適な産卵床となる。

 撮影地　静岡県沼津市大瀬崎（12～１月）

いいなずけとの恋——ミジンベニハゼ

ミジンベニハゼは2〜3㎝ほどの小さなハゼで、深場の砂地に生息している。彼らは海底に落ちている貝殻を住まいにしているが、この住まいを欲しているのはミジンベニハゼだけではない。きれいな貝殻は慢性的な住居不足に悩むヤドカリにとっても喉から手が出るほど欲しい優良物件。それがたとえミジンベニハゼの入っている貝殻だろうがおかまいなし、実力行使で奪い取ろうとする。対するミジンベニハゼも夫婦で、自分たちよりも数倍大きいヤドカリの眼を狙い反撃するが、力及ばず追い出されることも。そんな彼らが最近利用しているのが捨てられた空き缶や瓶。ヤドカリには重くて使い物にならないが、ミジンベニハゼにとっては頑丈で耐久性のある〝超〟がつくほどの優良物件だ。

ミジンベニハゼは幼い時に出会い、2匹でいっしょに暮らすようになる。まさに〝いいなずけ〟だ。そしてお互いが成長し、その時点で大きいほうがメス、小さいほうがオスになる。出会いが少なく、狭い生息範囲で、効率よく繁殖する驚くべき戦略である。

彼らの出産準備における役割分担ははっきりしている。家の営繕は男の仕事、まずは卵を産みつける巣の天井最上部の掃除を始める。砂地に住む小型巻貝類はミジンベニハゼの卵を狙う外敵ナンバーワン。〝足〟と呼ばれる強力な吸盤状の器官で、垂直登りもお茶の子さいさい、卵を低い位置に産みつけたら最後、その足を引き剝《は》がすことはミジンベニハゼにはできない。しかし天井に卵を産みつけておけば、巻貝を突き落として卵を守ることができるのだ。

その頃、妻は夫に家事一切を任せて家の入り口で飽食の限りを尽くす。今日はステーキ、明日はイタリアン、それとも寿司か、というほどの食欲。繁殖シーズン中は十数回も産卵するため、なりふり構わず栄養を蓄えなくてはならない。一方、夫は卵の世話に精を出す。巣穴に引きこもり、ヒレを使って卵に新鮮な水を送り、口で丁寧にゴミ掃除。驚くほどに甲斐甲斐しい。

卵に眼ができると、子どもたちは旅立ちの時。夫婦はそろって家の奥で卵をくわえ始める。二人は玄関から周囲を見回し、敵がいないかを確認すると、交互に巣の外へ子どもたちを放出する。

幼い頃に出会って同居、お互いが初恋の相手。行動範囲は巣からせいぜい30cm、外敵に睨《にら》みつけられて怖い時も、暗くて寒い夜も、どんな時も一つ屋根の下で暮らす二人。いいなずけとの初恋を生涯守り抜くのが彼らの愛の流儀だ。

ミジンベニハゼ

遭遇率　★☆☆（ハッチアウトに関して）

観察できる海

太平洋側では東京湾以南から九州、日本海側では兵庫県以西の18m以深の砂底に生息する。ペアを組み一夫一婦となるが、オス・メスどちらにも性転換できる。各所で巣を移動させたり、ひっくり返したりする様子が目撃されているので慎みたい。

繁殖シーズン

繁殖期は6～10月で、日中に貝殻、空き缶、空き瓶などの天井の最上部に産卵する。ハッチアウトは産卵前期は明け方頃、夏以降は日没時が多いが、地域によって異なる。いずれも潮が動いている時間を狙って行われる。

撮影のコツ・難易度

ハッチアウトの当日か翌日には次の産卵が行われるので、産卵の撮影難易度は高くない。放仔《ほうし》は赤ライトの使用が必須。水深も深く、撮影難易度はやや高い。望遠系マクロ、ローポジションが取りやすいコンデジも有効。

テーマ曲

「L-O-V-E」（Japanese Version 1964）
Nat King Cole

［産卵中］

天井の最上部にメスが産卵管を出して卵を産みつけ、オスがすぐに放精。

［貝殻に住むペア］

貝殻の中にいるのがオスで、卵保護を担当。メスは産卵に備えて外で栄養補給。

［敵が来た！］

ミノカサゴにロックオンされる。しかしミジンベニハゼは体表に有毒物質があるようで、捕食者が吐き出す場面を何度か目撃している。

[ハッチアウト]
夕暮れ時、親たちが卵をついばみ始める。この時がハッチアウト。

[子どもたちを送り出す]
ハッチアウト後、親たちは仔魚を口に含み巣の外に放出。

[タコと暮らす]
肉食性のスナダコと同居する姿がしばしば目撃されるが、産卵時にはスナダコが追い出されてしまう。

住めば都!?

[安全な住まい]
海洋ゴミも巧みに利用。

撮影地　静岡県沼津市大瀬崎、和歌山県日高郡日高町、長崎県長崎市辰ノ口（8～10月）

倒れてまで守る愛——カワハギ

皮剥《かわはぎ》——読んで字のごとく、調理の際に皮がスルリと剥がれることからついた名前だが、博打《ばくち》に負けて身ぐるみ剥がされる様を連想させることから「バクチウチ」と呼ばれたり、皮を剥ぐとツルツルの身が現れることから「マルハゲ」や「カクハゲ」、中には「ホンハゲ」と呼ぶ地方まである。私も近い将来「丸禿《マルハゲ》」と呼ばれるのではないかと戦々恐々の日々だが、そうなったら是非「カワハギちゃん」と呼んでほしい。そんな話はさておき、この魚はくせのない白身で、刺身はもちろん、煮ても、鍋にしても最高である。

桜の花が散り、葉桜に移る頃、カワハギたちの恋の季節が始まる。背ビレ前縁が糸状に伸びるオスは、体の縞《しま》模様を明瞭にして縄張りの巡回に忙しく泳ぎ回る。この時期、2匹で円を描くようにしているオス同士の闘争は見ものだ。午前9時頃になるとメスは産卵に適した場所を探し、〝フッフッ〟と円を描くように口先で砂を軽く吹く。この行動は卵を砂にまぶしやすくするためといわれているが、短くても十数分、長いと小一時間もひたすらベッドメイキングするのだ。餌を探す時にも〝フッフッ〟とするが、餌探しの時は移動しながら、産卵場所を作る時は同じ場所で円を描くので違いは一目瞭然。多くの海の生き物の場合、オス・メスどちらかが産卵場所作りから求愛までを一手に担うことが多いが、カワハギはメスがベッドメイキングを担当し、オスは求愛に専念する分業制だ。

巡回中の彼が彼女に近づく。彼女がベッドメイクを中断して彼の元へ泳ぎ寄るようなら「まだ準備はできてないの！」の合図。「そろそろ、いいわ」のサインは、彼が現れてもひたすらベッドメイキング。そうなると彼は彼女の体側を口先でつつき始める。それでも彼女はひたすらベッドメイキング。彼はさらにエスカレートして胸ビレの後ろ辺りを執拗につつくのだ。すると、その度に彼女は体をピクピクと反応させる。

愛撫にも似たこの行動は時間とともに激しくなり、二人が横並びになった瞬間、ついにベッドイン。彼女は腹部で砂底に溝を掘るように前進しながら産卵、彼は下半身を密着させて放精を行う。その直後、彼はフラフラと果てるがごとく体を横たえる。なんとなーくその気持ちはわかるなぁ。しかし、彼はすぐに気を取り直したかのようにその場から泳ぎ去ってしまう。一方、彼女もその場に倒れ込み砂の上に体を横たえたかと思うと、一心不乱に回転し始めた。それは卵を確実に受精させ、砂をかけてカモフラージュさせるための行動だが、産卵を終え精も根も尽き果てたようにも見える。

熱烈に求愛する彼と、懸命な産卵床作りで応える彼女、すべてを終えて倒れ込む二人。全身全霊を尽くして命をつなぐ、それが彼らの愛の流儀だ。

カワハギ

遭遇率　★★★

観察できる海

房総半島以南～九州南岸の太平洋岸と、青森県～九州沿岸の日本海側。砂底、貝殻底、砂混じりの岩礁域に多いが、純粋な岩礁帯では多くない。

繁殖シーズン

4月中旬～8月上旬。産卵は日中に毎日行われ、9～11時が最も観察例が多い。オスの縄張り闘争は、午後から活発になる。

撮影のコツ・難易度

オスは縄張り内に複数のメスを抱えている。摂食もせずに泳ぎ回るオスを見つけて追いかけると、産卵に出会えるチャンスが増える。場所と時間帯をつかめば難易度は高くない。撮影には標準系マクロ、望遠系マクロが有効。

テーマ曲

「ダンスのように抱き寄せたい」(2010)
松任谷 由実

［オスの縄張り争い］

② 2匹で円を描くように上昇する闘争。お互いの尾を追いかけるように回っては休みを繰り返し、シャッターチャンスも多い。

① 横並びで睨《にら》み合う闘争。両者の力が拮抗すると、この状態が長時間続く。

［メスの求愛OKサイン］
産卵床の準備を整えたメスは、その場を離れずにオスを見つめてOKのサインを出す。

［オスのパトロール］
わき目も振らず縄張り内のメスを巡回中。オスの縄張りは100平方メートルに及ぶものもある。

［口先での求愛］
オスはメスを口先でつつき熱烈に求愛。その直後、横並びで産卵を行う。

まれに岩の上に産卵することもある。

［産卵］
メスは腹で砂地に溝を掘るように前進して産卵。オスは横並びで放精。

［砂に託す愛の結晶］
産卵後、メスは倒れ込んで回転。卵に砂をかけてカモフラージュさせると同時に、卵を砂に付着・安定させるためとも考えられている。

 撮影地　高知県幡多郡大月町柏島（4月）、静岡県沼津市大瀬崎（6月）

社内恋愛の極意——ホンソメワケベラ

海の掃除屋として広く知られているホンソメワケベラ。その名前の由来をご存じだろうか。このグループで最初に発見されたのはソメワケベラ、そのソメワケベラより体型がやや細いことから「ホソ」がついてホソソメワケベラになる予定だった。ところが、ホソ→ホンという勘違いのアクシデントがあり、そのまま「ホンソメワケベラ」の名前が定着してしまったという、おもしろい命名エピソードの持ち主である。さらに興味深いことに、ホンソメワケベラはメスからオスに性転換することが知られていたが、近年の研究では、どちらにでも性転換できるらしいということがわかってきた。何かと話題に事欠かない魚である。

さて、そんな彼らの恋愛事情は一体どんなものだろう。初夏、オスは産卵時間前になると縄張りを回り始める。縄張り内には数匹のメスで構成されるクリーニングステーション、いわば彼女たちの職場が数か所あり、その巡回が彼の役目である。彼が職場を訪れると、彼女たちは体をS字にくねらせて出迎える。これはどうもウインク&投げキッスのようなものらしく、従順さを示す時にもこのポーズをとるようだ。私が取材で訪れる各地のダイビングショップでこんなふうに迎えられたら……想像するだけでちょっとうれしい。

話を戻そう。求愛&産卵はクリーニングステーション敷地内で行われる。従業員はすべて女であり、そこにたった一人の男、彼はさしずめ理事長か院長であろうか。そうなると、権力、嫉妬、愛憎にまみれた病院ドラマを予感させるが、しかしである。女たちの職場にはシッカリした上下関係が存在しているようで、いわゆるお局様（大きな個体）が絶対的な地位を持ち、進路上で鉢合わせをした時もお局様が優先である。時折、同格（同じような大きさ）の女同士のいざこざが起こることもあるが、ほとんどの場合、睨《にら》み合いで一発解決、皆さんが期待するようなドロドロの愛憎劇などは起こらない。早い話が職場内でトラブルを回避するための「暗黙のルール」といったところだろうか。そして産卵は若い子から始まり、お局様が最後となる。

男はタイミングを見計らって、彼女の前で体を小刻みに震わせながら近づく。彼女はしなやかに体をS字にくねらせて、膨らんだお腹を見せる。彼女からこのポーズが出ればOKのサイン、S字ポーズを拝むことができなければ次の彼女の元へ向かう。彼女がOKなら二人はそのまま産卵へと進んでいく。クリーナーとして多くの生物に認知されている彼らは、外敵に襲われないことを自ら理解しているのだろう。慌てることなくゆっくりと円を描くように上昇し、他の魚たちの群れから抜けた場所まで行くと一瞬で産卵を行う。

しなやかな体を使い、愛を伝える女たち。仕事も恋も賢く両立させるのが彼女たちの流儀。クリーニングステーションは今日も大忙しだ。

ホンソメワケベラ

遭遇率　★★★

観察できる海

千葉県以南〜南西諸島、インド・太平洋域の岩礁、サンゴ礁域。日本海においても中部以西では生息が確認され、それ以北でも死滅回遊として見ることができる。

繁殖シーズン

6〜8月が繁殖盛期で、産卵は日中にクリーニングステーションで行われる。オスの縄張りは広いものでは50平方メートル以上も。潮汐の関係もあるが、一度産卵が観察できれば翌日もほぼ同じ時間に観察できる。オスを追いかけていけば次の産卵サイトでも観察できる。なお、オスメスともに明確な婚姻色を出さない。

撮影のコツ・難易度

求愛から産卵直前まではゆっくりと円を描くように上昇するので、撮影チャンスは多く難易度はそう高くはない。産卵は素早く泳ぎ上がるので、やや技術を要する。小型種なので望遠系マクロが有効。

テーマ曲

「時の流れに身をまかせ」(1986)
テレサ・テン

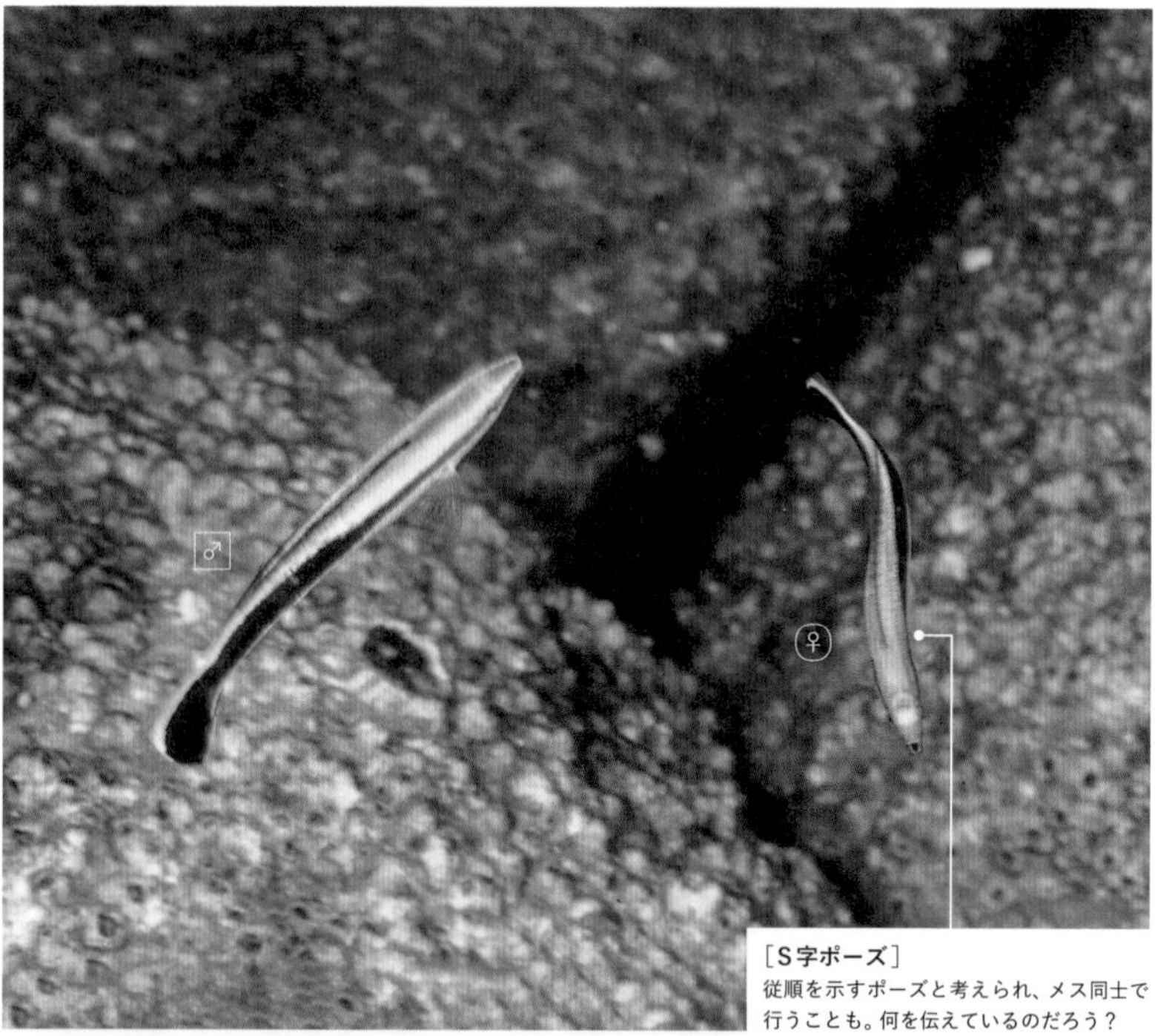

［S字ポーズ］
従順を示すポーズと考えられ、メス同士で行うことも。何を伝えているのだろう？

［社内恋愛の極意］
メス同士で体格差がある場合、小さいほうが進路を譲るのがルール。体格差がないとお互い譲らないが、睨み合いでほぼ解決。

［産卵直前］
やがて２匹とも突っ走るように泳いで産卵。

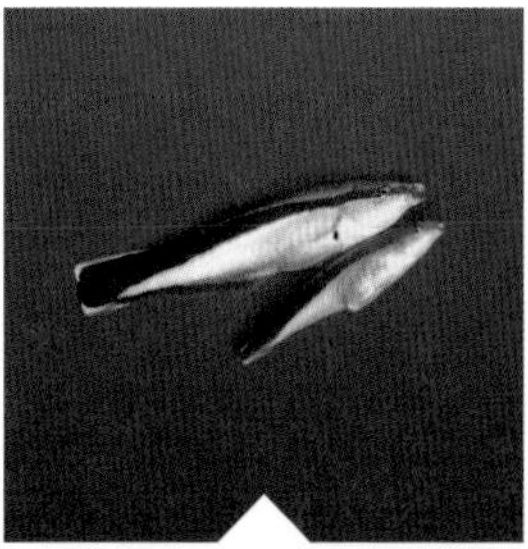

［求愛］
オスはメスに話しかけるようにして求愛する。

［産卵へ］
オスはメスの動きに合わせて寄り添いながら、円を描くように上昇する（ルーピング）。

恋敵であっても、仕事は仕事。掃除場所をシェアして今日も大忙し！

撮影地　静岡県沼津市大瀬崎（5～8月）

ヒョウ柄はキケンな恋の始まり――ヒョウモンダコ

海の有毒生物として上位に必ずランキングされるヒョウモンダコ。近年では、日本各地の海岸で「ヒョウモンダコにご注意ください」と注意喚起されることで広く知られるようになった。平常時は褐色や灰褐色で、岩の上にいても気がつかないほどの擬態《ぎたい》名人であるが、興奮した時や捕食の時、また危険を感じた時には全身を鮮やかな黄色に変化させ、腕にはリング状、頭部と胴体部には筋状の真っ青な模様を出す。これが名前のもとになった豹紋《ひょうもん》である。小笠原や南西諸島では全身にリング状の青い紋が出るオオマルモンダコが多いが、こちらはヒョウモンダコ以上の強い咬毒《こうどく》を持っているといわれる。どちらも寿命は1年と短い。

前述の通り、美しいからといってうかつに触ってはいけない。ヒョウモンダコの唾液にはフグ毒と同じテトロドトキシンが含まれ、その毒性の強さは青酸カリの800～1000倍といわれている。噛んで毒を注入するだけでなく、筋肉や体表にも毒が含まれるので「触らぬ神に祟《たた》りなし」である。また、麻酔作用が強いといわれる神経毒も含まれ、餌となる甲殻類などに噛みつき麻痺させて捕食するという。毒を防衛にも捕食にも使う、これは小型である彼らにとって生き残るための大切な生存戦略である。

そんなヒョウモンダコの愛の季節はダイビングから足が遠のく冬、求愛はオスから始まる。彼はサッサッと体色を変化させながら彼女に近づき、あの鮮やかなヒョウ柄を全身に出して猛アピール。彼女との距離を少しずつ縮めながら、8本の腕すべてを使ってやさしく、時に激しく彼女の全身を撫《な》でまわす。その姿はなんとも性愛的でキケンな恋を予感させる。一方の彼女も鮮やかな体色になり、彼の求愛にヒョウ柄を出して呼応する。彼は少し触れては彼女の反応を見る、ゆっくり、じっくりと愛を深めるように。時間の経過とともに、お互いにヒョウ柄を出しながら愛を上りつめていくのがはっきりとわかる。やがて彼は後方から7本の腕でしっかりと彼女を抱きしめ、残りの1本の腕を彼女の体の中に入れる。この1本の腕こそが交接腕である。その瞬間、彼女の体色が目まぐるしく変化する。生涯一度だけの情熱的な愛の姿を見せる彼女と彼。長時間に及ぶこともあり、官能的だ。

その後、彼女は約4〜6か月の長い時間、何も食べずに自らの腕に卵を持ち、守り抜く。そして春爛漫の候、我が子の孵化を見届けるとその命を終える。

晩秋の静かな海の中で、燃えるように繰り広げられるヒョウ柄のエロス——それが短い命を賭《と》した、彼らの愛の流儀である。

ヒョウモンダコ

遭遇率　★☆☆

観察できる海

千葉県以南の太平洋沿岸〜九州南部、石川県〜九州北部の日本海沿岸のタイドプールを含む比較的浅い岩礁域。

繁殖シーズン

伊豆半島などでは低水温期に当たる冬が繁殖盛期で、求愛・産卵は日中に行われる。

撮影のコツ・難易度

小型で擬態名人なので求愛・交接を見つけるのは難易度が高い。卵保護は岩の割れ目の奥などで行うため、抱卵個体を見つけるのも難易度がかなり高いが、見つければ長い期間、観察できる。ただし、過度なストレスを与えると移動してしまうので注意が必要。腕の長さを考えると標準系マクロが有効。

テーマ曲

「All By Myself」(1975)
Eric Carmen

[ヒョウ柄に大変身！]

興奮時や捕食時、相手を威嚇する時などに名前のもとになった青線の斑紋を出す。

[どこにいるかわかる？]

紅、茶色、灰色など擬態のうまさはタコ類の中でもトップクラス。平穏時は青線の紋は不明瞭だ。

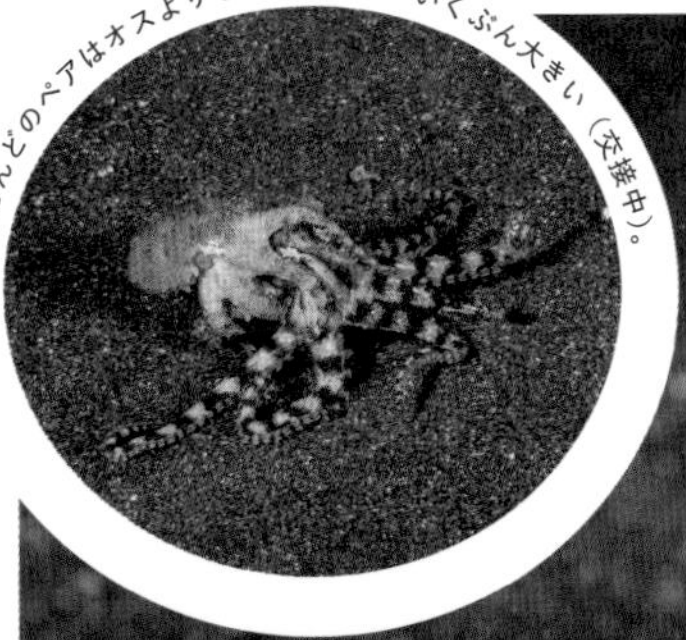

ほとんどのペアはオスよりもメスのほうがいくぶん大きい（交接中）。

［交接］

交接はオスがメスの後ろから抱きつく、いわゆるバックスタイルで行われる。

［卵保護中のメス］

狭い岩奥などで産卵して自ら卵を持ち歩き、空き貝殻などの目立たない場所で保護している。

撮影地　静岡県沼津市大瀬崎（交接・他／1月）、山口県長門市青海島（抱卵／5月）

恋する王子様とお姫様——ヒメギンポ

ヒメギンポは温帯域の浅い場所では、どこでも見ることができる魚である。体長は約5㎝、橙色《だいだい》に灰紫色《はいむらさき》の網目模様の体色で、尾ビレは黒っぽい。ストロボに照らされた姿はまことに美しいが、彼らのすみかである日陰となる場所では、その色が逆に岩肌に溶け込み保護色の働きをする。繁殖期になるとオスは頭部と尾ビレが黒くなり、体色は派手なオレンジの婚姻色に、そして求愛を受ける側、言うなれば愛される側のメスも、平時と比べると明らかにオレンジ色の斑紋が目立つようになる。ヘビギンポ科は地味な色合いの種が多いが、その中で、ひときわ目立つ橙色を基調とした婚姻色を持つ彼らに対して、「ヒメ（姫）」の名がついたのは当然の成り行きであろう。

このヒメギンポ、繁殖期間が長い上、その可憐な名に反して日中から人目をはばかることなく盛んに産卵する。そのため、繁殖ウォッチングの初心者にとっては格好の生物でもあるし、生態写真のマニアにとっては産卵の瞬間の見極めや、構図やシャッターチャンスの練習になる理想的な教材である。

ヒメギンポの産卵サイトは日陰になるような垂直に切り立った岩壁や、ややオーバーハングした場所にある。このような環境でせわしなく動くヒメギンポを見つけたら、産卵のチャンス到来である。さらに頭を黒くし、鮮やかなオレンジの婚姻色を出しているオスを見つけたら、必ずその近くには産卵を控えたメスがいるはずである。彼は激しく動き回って彼女を産卵サイトに呼び込み、彼女は卵を産みつけるのに適した場所を見つけると、体をブルッ、ブルッと小刻みに震わせる。その姿はまるで彼を誘っているようだが、これが

「産むわよ」の合図。この合図があると、彼はそれに応えるように後方から泳ぎ寄り、卵を産みつける場所とタイミングを見定めながら彼女の真横に並び、一瞬で放精、かなりの早業である。

1回の産卵時間は短いが、産卵全体に要する時間は数時間に及ぶこともある。数回産卵しては小休止、そしてまた数回産卵しては小休止。休み休み産卵が行われるので、その瞬間を何度も見ることができるのがいい。おもしろいのは小休止中で、この時は婚姻色を消して平時の体色に戻ってしまう。「お色直し」という表現が正しいかわからぬが見事な変身ぶりであり、そこも見どころの一つだ。

少し薄暗い岩壁で「ヒメ（秘め）」ごとにご熱心なヒメギンポたち。美しい衣装に身を包んだ王子様とお姫様が織りなす愛のセレブレーション――それが彼らの愛の流儀だ。

ヒメギンポ

遭遇率　★★★

観察できる海

千葉県以南の太平洋沿岸～九州南部、青森県以南の日本海沿岸で、ある程度潮通しがある浅海の岩礁域。

繁殖シーズン

伊豆半島などでは低水温期に当たる冬が繁殖盛期で、求愛・産卵は日中に行われる。春～初夏に低水温になるような時にも行われる。求愛・産卵に遭遇すること自体はそう難しくない。

撮影のコツ・難易度

日陰になるような岩壁や、オーバーハング気味の場所を丹念に探すこと。何回も求愛・産卵を行うので、その動きを観察しながら撮影をするといい。メス・オスが並ぶ放精の瞬間は素早いので、撮影の難易度はやや高い。小型種なので標準系マクロ、望遠系マクロともに有効。

テーマ曲

「恋のバカンス」（1963）
ザ・ピーナッツ

［通常色のオス］平時もよく見るときれい。

［婚姻色のオス］
頭部と尾ビレを黒くさせている。

［クリーニング］
ホンソメワケベラがいない日本海側の中〜北部ではクリーナーの役割も（佐渡島）。

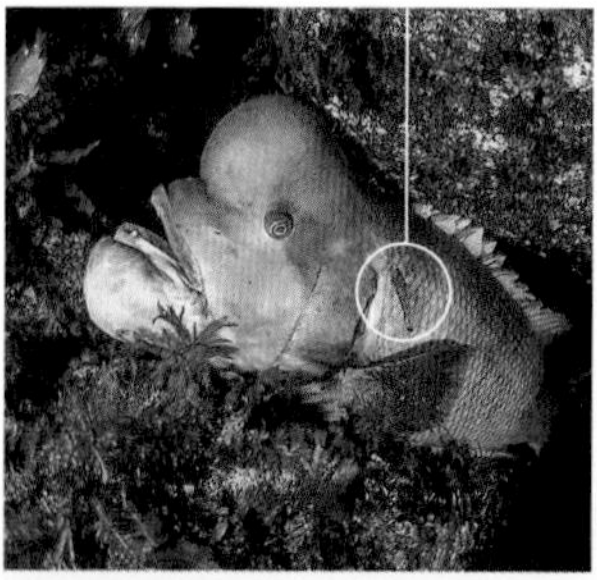

［お色直し］
求愛・産卵中の小休止時は穏やかな色に変化する。

［恋する王子様］
婚姻色のオス。ヒレでメスの体を撫《な》でるように産卵を催促。

［産むわよ！］
産卵の瞬間。輸卵管が出ているのがわかる。
オスはタイミングを見計らって放精へ。

［放精］
横並びになって一瞬で放精。

 撮影地　静岡県沼津市大瀬崎（1月）、新潟県佐渡島（クリーニング）

伝説の絶倫王

アカササノハベラ

最初に言っておく。本書の立ち読みはやらないほうが無難である。「愛」や「交接」という言葉だけでも目立つのに、今回のタイトルは「絶倫王」であるから、ぜひ自宅で、それも一人で、部屋の隅っこかトイレで読んでほしい。これが本項を熟読するに当たっての「流儀」である。

話を「絶倫王」に戻そう。「絶倫」について考え違いがあるとマズイから真剣に調べてみた。「技量や力量が人並み外れてすぐれていること、心身の活動がきわめてすぐれている様」とある。私に技量があるのかは別として、心身の活動がきわめてすぐれているという点に関してはキッパリと言い切れる、私は絶倫である。しかし「阿部さんは絶倫ですねぇ!」などと大声で言われようものなら周囲から陰口や蔑《さげす》みの眼で見られることは間違いない。私の周りから人は遠のき、フォトセミナーや本の依頼さえもこず、開店休業状態の「自称カメラマン」となるのが目に浮かぶ。日本語の使い方はじつに難しい。

さてさて、やっと本題のアカササノハベラの話である。名の由来であるササは細かく数の多い歯を表す「細々の歯」、ベラは細く平らな「へら」からきているようだ。オスは縄張り内に数多くのメスを抱える、いわゆるハレムを形成し、メスは産卵時間になると縄張りオスによって産卵サイトに誘導され、ヤギ類の枝などに隠れるようにしながら求愛を待つ。オスに比べるとメスの体色は地味、一方のオスは繁殖シーズン中でも特に産卵時間になると婚姻色の黄色が一層鮮やかになる。おもしろいのは、メスの体色をしたスニーカーと呼ばれるオスがいて、繁殖行動に一枚加わろうとチャンスをうかがっていることだ。求愛と産卵は午後早め、オスが産卵サイト上空で体を水平にしてひらひらと波打つような泳ぎをし始める。これは「ラテラルウエイブ・スイミング」と呼ばれる求愛だ。すると彼女が少し上に泳ぎ上がり、そこに寄ってきた彼のあごに触れた瞬間、二人は猛ダッシュで上昇して産卵。これを産卵サイトに集まった彼女たちと次々に行う。

アカササノハベラの世界では、20～30匹程度のメスを抱えるオスは当たり前である。これを毎日繰り返すのだから、それだけでも相当な絶倫であるが、今まで出会った中で特にすごかったのは50匹以上のメスを抱えているヤツ。ある時、撮影もそっちのけで彼の産卵回数を数えたことがあったのだが、なんと彼は約1時間で56匹（！）を相手にしたのである。平均すると約1分に1回、同じオスとして尊敬を通り越して、「これが絶倫王か」と感動した。そして密かに彼の爪の垢を煎じて飲んでみたいと切に思ったのである。

全身全霊で次の世代に命を託すのが彼らの愛の流儀。15日後、絶倫王は全身ボロボロになり、他のオスによって、この縄張りから追い出された。太く短く――56匹×15日の結果である。

アカササノハベラ

遭遇率　★★★

観察できる海

千葉県以南の太平洋沿岸～九州、南西諸島から台湾、香港などの中国大陸沿岸の一部、福井県～九州北部、朝鮮半島の日本海沿岸の岩礁域。

繁殖シーズン

産卵行動は夏～晩秋の日中で、特に午後に盛んに見ることができる。オスがハレムを形成し、ペア産卵を行う。生息地・生息環境が広い普通種で容易に観察できる。

撮影のコツ・難易度

求愛時の表情を捉えるには標準系マクロ、産卵上昇やラテラル（水平）ウエイブ・スイミングなどの素早い動きには、ファインダーを見ずに被写界深度が深い、いわゆるパンフォーカスで撮影できる機材が優位。撮影難易度は機材によって高くも低くもなる。

テーマ曲

「愛のメモリー」（1977）
松崎 しげる

[求愛を待つメス]
メスは求愛を受けるためにヤギの上方に移動していく。

[婚姻色のオス]
産卵時間になると婚姻色の黄色と、頭部の白地に赤が鮮やかになる。

[伝説の絶倫王]
産卵サイトに集まったメスたちを従えているのが「伝説の絶倫王」ご本人さまである。

撮影地　静岡県沼津市大瀬崎、三重県尾鷲市（11～1月上旬）

［あごタッチで産卵上昇］
メスがオスのあごに触れた瞬間、２匹は猛ダッシュで産卵上昇を行う。

［産卵］
メスが頭一つ分先行して上昇し産卵する。

崖っぷちのヴィーナス——スミレヤッコ

スミレヤッコの学名は*Paracentropyge venusta*である。種小名の*venusta*はローマ神話の愛と美の女神ヴィーナスのことで、私が大好きな魚なので多少の贔屓目《ひいきめ》はあるが、とても魅力的で美形でセクシー、少し小悪魔的であり、この学名はじつに言い得て妙であると思っている。体長10㎝ほどで、腹部は向日葵《ひまわり》を思わせるような黄色、頭部を含む上半身は冴えのある青色で、ドロップオフなどにできたくぼみ状の洞穴のような薄暗い場所に住み、日中は壁面以外ではあまり見ることはない。また、ドロップオフや洞穴などでは縦向きや逆さまになって泳いでいるため、産卵の時以外は通常の姿で泳ぐのを見る機会は少ない。

ここまで読んで、もうお気づきの方もいるかもしれないが、今回のテーマはドロップオフ、つまり「崖っぷち」で繰り広げられる愛の物語である。崖っぷちのヴィーナス——そのフレーズだけで想像力が掻き立てられ、心がざわつくのは私だけだろうか。とはいえ非常に臆病な性格のスミレヤッコ、断崖絶壁で懺悔《ざんげ》するような愛憎劇などではなく、しっとりとした大人の恋である。他のヤッコ類のように激しい求愛や行動も見られない。恋の始まりは薄暗い洞穴の中、お互いに意識しながら近づいたり、離れたりするだけ……。

こんなシーンを想像してほしい。大人の香りがするバー、店内はマホガニー色の内装と調度品。薄暗い店の奥から響く、老バーテンダーが振るシェイカーのリズミカルな音色。長く一直線に伸びるカウンターには一組の男女が座っている。お互いが寄り添うわけでもなく、交わす言葉は少ない。しかし、何も語り合わなくともわかり合える。やがて二人は示し合わせたように、外へと出ていく。

そんな情景と重なるのがまさにスミレヤッコの愛の物語である。夕闇迫る海底、ドロップオフの壁面にはもはや陽も当たっておらず黒々とした崖のように見える。そこに彼と彼女が寄り添うように泳いでいる。やがて二人は壁を離れて谷を泳ぎ渡り、テーブル状サンゴの下に身を隠す。男はサンゴの下でそっと求愛。彼女もその場から離れるそぶりは見せない。そして、意を決したように二人はサンゴから泳ぎ出ていった。ストロボの光によって照らし出された瑠璃《るり》色と向日葵《ひまわり》色の二人が鮮やかにオーラを放つ。ヴィーナスの名にふさわしく、息をのむほど美しい産卵の瞬間だ。

夕闇が迫る中、ほんの一瞬だけ表舞台に姿を現すスミレヤッコ。これがヴィーナスだけに許された、愛の流儀である。やがて二人は漆黒の闇へと消えていった。

スミレヤッコ

遭遇率　★★☆

観察できる海

伊豆諸島以南の太平洋沿岸南日本〜沖縄〜フィリピン。潮通しのいい岩礁域やサンゴ礁域のドロップオフの亀裂や洞窟の入り口付近で、腹を上にして泳いでいることが多い。

繁殖シーズン

水温が上昇する5〜8月頃が繁殖期で、産卵は壁や根の小さな棚からわずかに泳ぎ出て行われる。繁殖期間中は毎日産卵するので、水深が20m以浅の産卵サイトの場所をつかめば観察は難しくない。

撮影のコツ・難易度

日没直前に求愛・産卵を行う。同属のヤッコ類の中では特に光に敏感で、明るいライトでは産卵場所を変えてしまうこともあるので、赤ライトの使用が必須。ナズリングからすぐに産卵に至るので、撮影難易度は小型ヤッコ類の中でもかなり高い。

テーマ曲

「ウイスキーが、お好きでしょ」(1991)
SAYURI（石川 さゆり）

［求愛］
サンゴに隠れるように求愛後、オスがメスの腹部をつつきながら棚から表に出てくる。

［愛を交わすヴィーナス］
ナズリングから産卵までの時間はごくわずか。横並びでお互いの姿を見ながら産卵する。

［私も、私も］
時には２匹のメスが同時にオスの元に集まる。これは他のヤッコ類ではあまり見られない光景だ。

［求愛の始まりは洞穴から］
この時にストレスを与えると産卵場所を変えてしまうことがある。

［産卵へ］
産卵は岩棚から少しだけ泳ぎ出た場所で行われる。

［産卵の瞬間］
いつもの生息場所からは考えられないような開けた場所で産卵する。

撮影地　沖縄県恩納村（真栄田岬・恩納ビーチ、５～６月）

ハートでつなぐ龍の愛

ヒメタツ

タツノオトシゴの話である。一見、魚とは思えない姿は想像上の生き物・龍《たつ》にも見え、その龍が天上から海に子を産み落としたことからタツノオトシゴといわれている説、もう一つは身分が高いもの（龍）が正妻ではないものに産ませた落とし子（オトシゴ）という説もある。じつは、今回の主役であるヒメタツは近年までタツノオトシゴとして分類されていたが、一部のダイバーの間で「日本海のタツノオトシゴは、形がかなり違うよね」とささやかれていた。それが2017年、日本と韓国の学者が日本海側に生息している種を再検証してヒメタツとして発表し、新種登録された。ヒメタツはタツノオトシゴに比べて頭部の突起が低いことと、同じタツノオトシゴ類のハナタツよりも背ビレの基部付近に側方へ張り出す突起があるなどの違いがある。

また、このグループはメスがオスに卵を託して、放仔《ほうし》までオスが「育児嚢《のう》」と呼ばれる器官で保護することは有名であるが、最近になって、この育児嚢の中に胎盤のようなものが見つかり、卵に栄養を与えたり、排泄成分を受け取ったり、まるで哺乳類のように機能していることが明らかになった。そんな彼ら、シーズン中にペアが入れ替わることはほとんどなく、絆が強いのも特徴だ。

早朝、水中に弱い光が差し込む時に彼らの愛の儀式が始まる。産卵の準備が整っている彼女は、彼のすぐ近くで様子をうかがっている。時々彼の横に寄り添い、熱い視線を投げかけるのが印象的である。彼は少し泳いで海藻に尾を絡める。それを追いかける彼女。またしばらくすると彼は海藻の林をゆっくり泳ぎ出す。彼女がまた追いかける。卵の受け渡しがしやすい場所を求めて移ろう姿は、まるで朝日の中で愛を確かめ合っているようにも見える。やがて彼女に促されるように向かい合い、宙に舞い上がる。ぴったりとくっついてハートの形になる二人、ストップモーションのように愛をつないでいく。

ここからはオスが孤軍奮闘、身重な生活に入る。時期にもよるが、ハートを作ってから約1か月後、次のドラマが始まる。放仔である。深夜、草木も眠る丑三《うしみ》つ時《どき》、モク類の奥に絡まるようにしていた彼がじょじょに開けた場所に移動してくると、それが放仔の前兆。やがて前屈や伸びをし始めると、育児嚢から小さな命が躍り出る。親と同じ姿かたちの子たちの出産である。魚の産卵を見慣れているはずの私であっても感動する瞬間だ。

きらめく海藻の林で、お互いの体を使いハートの形で愛を表現する。そして旅立ちの時まで自らの体の中で子どもたちを見守る。これが強い絆で結ばれた龍たちの愛の流儀である。

ヒメタツ

遭遇率　★★☆

観察できる海

日本海本州沿岸〜朝鮮半島東岸、東シナ海の藻場。

繁殖シーズン

２月頃から始まり、水温が上がり始める４月頃から本格的になり、7月下旬まで続く。産卵は日が昇ってから行われ、水温にもよるが産卵〜放仔は長い時で２か月にも及ぶ。放仔は赤ライトで文字が読めるか読めないかぐらいの微光量でないとやめてしまうので、その装備は必須。

撮影のコツ・難易度

放仔は深夜から明け方前が勝負。個体の見極めやタイミング、またフィンキックによる藻場の場荒れを起こさないよう、ヒメタツの生態を熟知したガイドの指示に従うのが肝要。藻場の背景処理のしやすさから望遠系マクロが有効。

テーマ曲

「私のハートはストップモーション」(1979)
桑江 知子

［ハート形で産卵］
少し開けた場所で向かい合って泳ぎ上がり、卵を受け渡す（左がメス）。

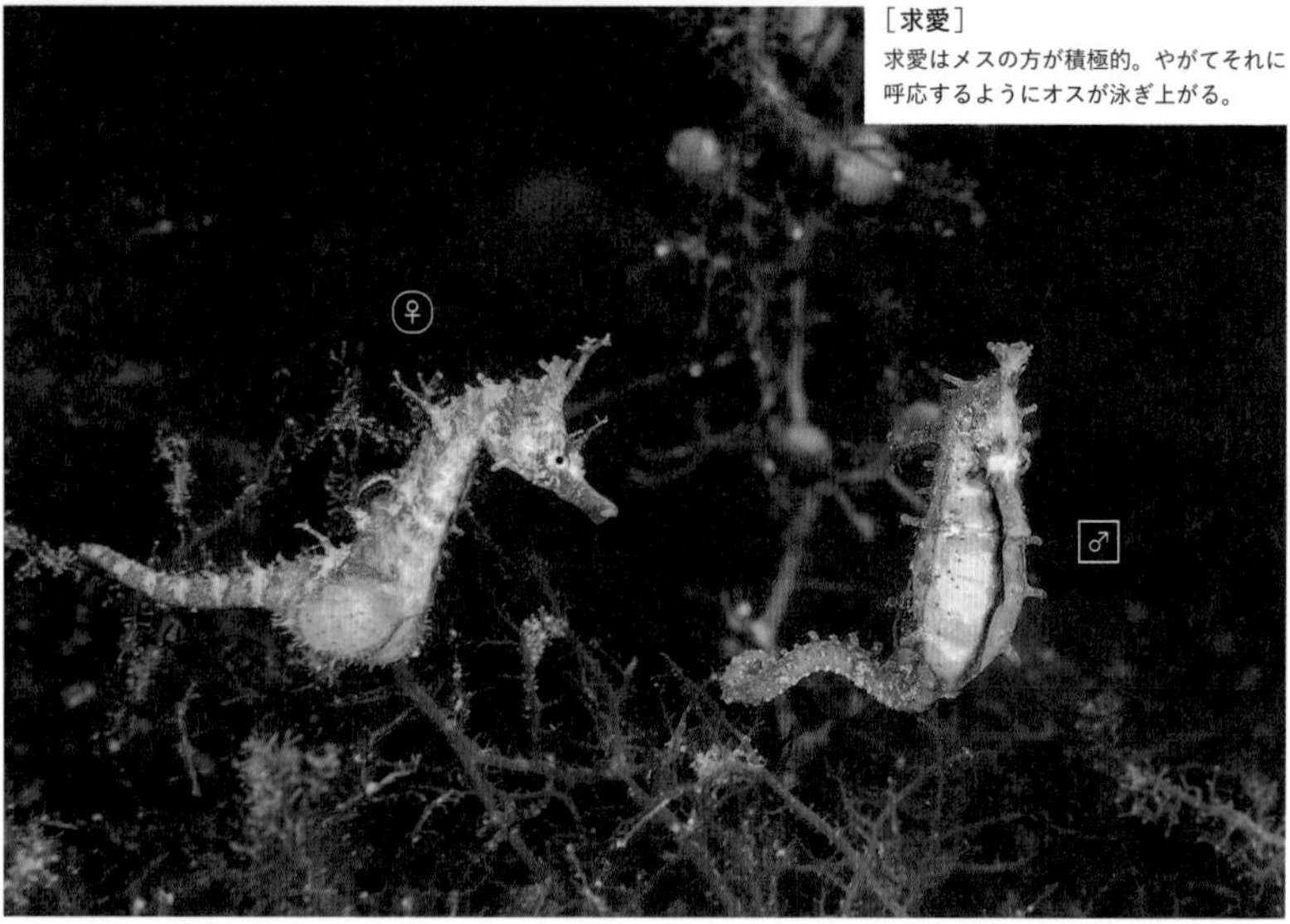

［求愛］
求愛はメスの方が積極的。やがてそれに呼応するようにオスが泳ぎ上がる。

［オスによる放仔の瞬間］
放仔は深夜に始まる。体を屈伸させるようにして数匹ずつ産み出される。放仔は断続的に行われるので、シャッターチャンスは何度も訪れる。

［子育て開始］
この個体はメスから託された卵の量が多く、育児嚢からはみ出ている。

［育児嚢の清掃］
オスは次の卵の受け渡しのため、育児嚢に水を出し入れして内部をきれいに洗う。

［パパママありがとう♪］
産まれ出た直後の赤ちゃん。大人とほぼ変わらぬ姿だ。

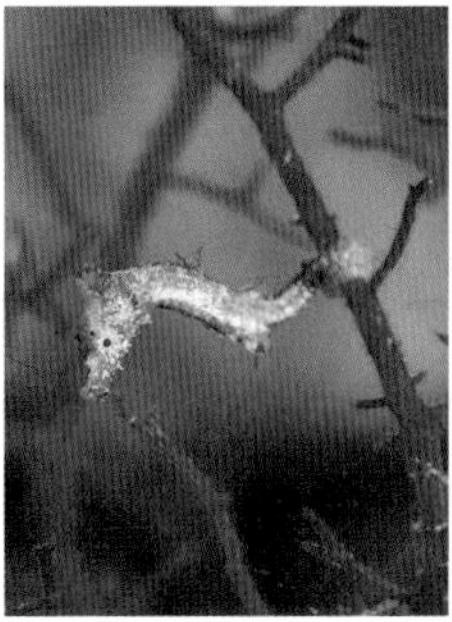

撮影地　熊本県水俣市（5月）

隙あらば略奪愛

──コブシメ

春うらら、南国沖縄ではカップルたちが波打ち際で青春を謳歌する時期、コブシメは産卵の最盛期を迎える。それは南の海に春を告げる風物詩の一つだ。コブシメは背中に石灰質の甲を持つコウイカの一種で、日本近海に住む同じ種の中では最も大型で、胴長は50㎝にもなる。名前の由来は、沖縄の地方名「クブシミ」（クブ＝大きい、シミ＝墨が多い）からきているといわれ、このコブシメの墨を使った「墨汁」は地域を代表する郷土料理だ。刺身ならサクッとした食感と甘みが楽しめ、焼いてよし、揚げてよし、燻製ならなお結構、食べても見ても楽しめるのだ！

そんなコブシメの愛は、なんとも〝刹那的《せつなてき》〟である。親戚筋のタコ類のほとんどはオスがメスに時間をかけて近づき、そっと腕を伸ばして体に触れる〝情緒的〟な求愛をする。それに対し、コブシメはお互いが向き合い、目と目が合ったと思った瞬間に腕を絡ませて合体してしまう。その様子は、あと先を考えずに今この瞬間だけの享楽にふけるようにも見え、情緒を感じる余裕もないほど激しい。

シーズンになるとユビエダハマサンゴなどの産卵条件のいい場所には多くのコブシメが集まり、カップルだらけになる。卵はメスがサンゴの奥深くに産みつけるのだが、そこには必ずエスコートをしているオスがいる。その姿は、無事に妻が産卵できるよう見守るよき夫に見えるが、実際は他の男に奪われないよう、常に監視する束縛夫だ。

また、産卵場にはお年頃の女子がいっぱい、そこに多くのフリー男子がうろうろするのも自然の摂理である。すでにペアとなっている夫に正攻法で戦いを挑む男や、他の男と戦っている夫の隙をついて人妻を略奪するヤツ、意中の彼女をサンゴの陰からただただ眺めているヤツなど、男のタイプもさまざま。一つ言えるのは、妻を得るのも、失うのも、一瞬の出来事だということ。

一方、妻は妻で、夫に監視されながら産卵に全集中しているわけではないらしい。夫の眼を盗んで他の男の元へ自ら行こうとする妻もいるが、そのほとんどは夫に異変を察知され、阻止されてしまう。だが中には夫が複数の略奪者と戦っている最中に、目をつけていた男と愛の逃避行を成し遂げる人妻もいる。

メスを巡るオスたちの闘い、略奪愛、逃避行、そして失楽園——コブシメたちが繰り広げる愛の流儀は、官能小説より奇なりである。

コブシメ

遭遇率　★★★

観察できる海

鹿児島県南部〜南西諸島、西太平洋〜インド洋のサンゴ礁域とされているが、東南アジア〜インド洋のものは別種との見方もある。

繁殖シーズン

産卵期は最低水温期をやや過ぎた3月上旬から。本格化するのは4〜5月。求愛・闘争・交接・産卵などの繁殖行動は日中に行われる。

撮影のコツ・難易度

例年ほぼ決まった場所に産卵するため、ダイビングサービスが産卵場所を把握していることが多く難易度はそう高くはない。ただ神経質な一面もあるので、ガイドの指示に従うのがいい。いきなり近づくと警戒されて産卵回数が減ってしまうので、時間をかけて接近戦に持ち込みたい。被写体が大きいのでワイドレンズが有効。

テーマ曲

「青春のリグレット」(1985)
松任谷 由実

［オス同士の闘争］
フリーのオス（左）に戦いを挑まれる夫。
この間、妻は高みの見物。

［1匹のメスを巡るオスの攻防］
夫（中央右）が侵入オスと闘争中、
妻は別のオス（中央奥）の元へ。

［警戒色］
妻をエスコートしつつ、背面を半分暗色にして侵入オスを威嚇する夫。

［交接］

抱きつくように交接。興奮時はオス・メスで模様や体色がまったく異なる。

［恋を阻むオス］

交接中のペアに乱入するオス。このような場面はしばしば目撃できる。

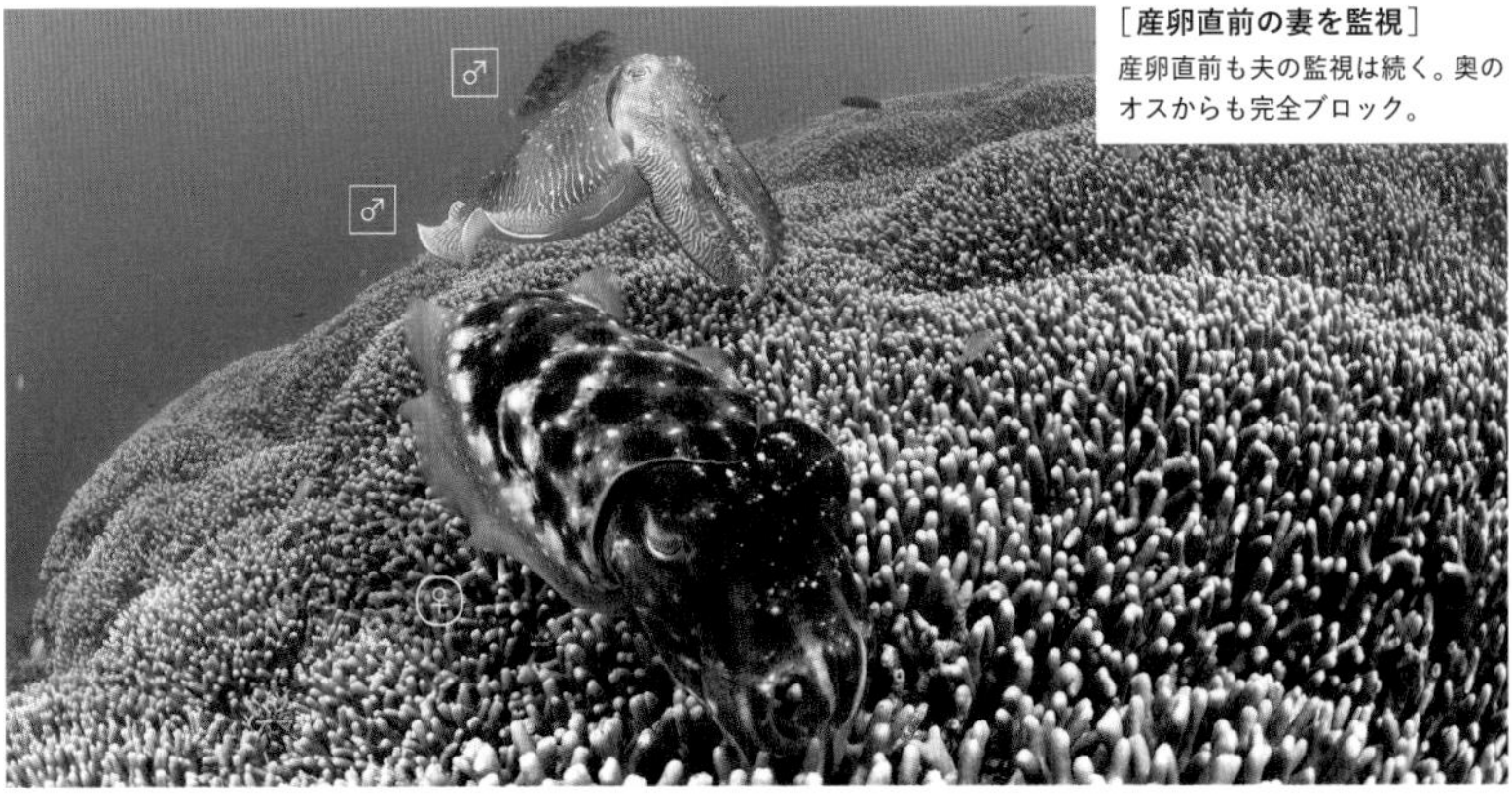

［産卵直前の妻を監視］

産卵直前も夫の監視は続く。奥のオスからも完全ブロック。

撮影地　沖縄県西表島（5月）

噛み痕を残す男たち ―――― クサフグ

クサフグの名前の由来は、背面が濃い緑色でその色が草のようであることからきている。本州沿岸に広く生息する魚で、釣りの世界ではエサ取り名人、ダイバーから見ても珍しい魚ではないが、波打ち際で行われる集団産卵はドキュメンタリー番組で取り上げられるほど有名だ。

彼らは産卵が始まる1時間程前になると、100〜200匹程の小さな群れを作って産卵場付近を泳ぐようになる。この群れは「偵察部隊」と呼ばれ、産卵場の安全確認が任務である。偵察部隊は水中から陸の状態をうかがい、波打ち際で波が盛り上がった時にその波を利用して陸地側に異変がないかチェックしているのだ。時を同じくして数百匹から成る「本隊」が形成され、オスたちがメスを取り巻くように泳ぎ出す。取り巻く、というのには理由がある。メス1匹に対しオスは50〜100匹、愛を貫くには狭き門を突破しなければならないのだ。やがて、寄せては返す波の周期に合わせるように彼女は男たちを引き連れ、岸と沖を行き来するようになる。男たちは彼女とはぐれないように必死だ。彼女にすがる従順タイプ、ドサクサに紛れて彼女の横に入り込むちゃっかりタイプなど、自分の子孫を残せる確率は100分の1であるから、その行動にもうなずける。そんな姿を見ていると、僕はクサフグのオスでなくてヨカッタとつくづく実感するのである。

波が砕ける白泡で、ほとんど視界がない中、彼女と男たちはどのようにしてそのチャンスを逃さないようにしているのだろうか。その疑問を解くために彼らの行動を数日追いかけたことがある。じつはクサフグは産卵前になると非常に神経質で、カラスが産卵場上空を舞うだけで産卵を中止してしまうほど。波打ち際を動き回ったり、水中でも少しでも違和感を感じると、群れはその場から移動してしまう。だが、水中でなければ、そのきっかけを解明できない。数十キロのウエイトを波打ち際近くに設置して、そこからロープを伸ばして体を縛《しば》れば遠くには流されない。こうして流木に擬態《ぎたい》をして数時間——そこで目にしたのは「噛みつく」ことで意思を伝えているらしいということだった。噛みつかれた彼女は一気に波に乗り、水際を目指す。それに続く、取り巻きの男たち。いっせいに産卵が起こる瞬間だ。

噛みつくことで産卵のタイミングを伝えるのは、身を守るウロコがないという弱点を、うまく利用するからこそできる愛の伝達方法なのだろう。打ち上がった彼女の背中には、男たちからの愛を受け入れた噛み痕がくっきりと残されていた。

そうして狭き門を勝ち抜いた命の結晶は砂の隙間に守られ、次の満潮の時にハッチアウトして旅立っていく。クサフグたちの愛の流儀は波打ち際で繰り広げられる。

クサフグ

遭遇率　★★★

観察できる海

北海道南部～沖縄までの沿岸域、朝鮮半島南部、中国大陸南部。浅い岩礁や砂地と生息域は広い。

繁殖シーズン

晩春～初夏の大潮時に、岸に大群で産卵する。西日本では大潮の直前、東日本では大潮直後の日が産卵日となる。産卵は毎年ほぼ同じ場所で行われる。

撮影のコツ・難易度

産卵は太平洋側では潮汐と密接に関係しているので、難易度は高くはない。ただ産卵の時は非常に神経質で、産卵場付近で白など目立つ服装で動き回ると場所を変えてしまうことが多い。陸上撮影が中心で、水中用に使用するマクロレンズがあればいい。

テーマ曲

「天城越え」(1986)
石川 さゆり

［水際の集団産卵］
メス１匹に対してオスは50～100匹、オス側からみると自分の子孫を残すことは「狭き門」。

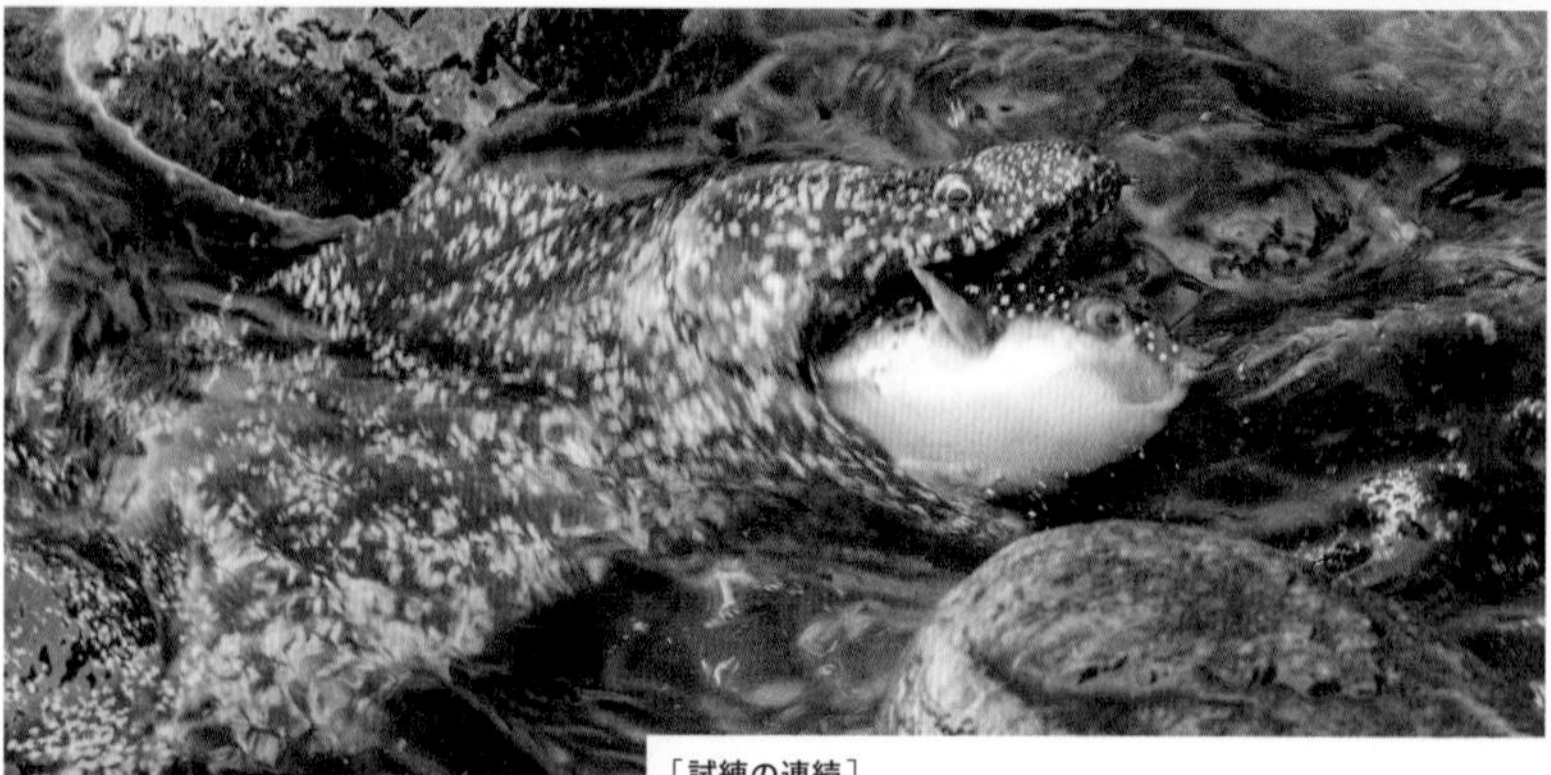

［試練の連続］
ウツボは波打ち際のクサフグ産卵を狙いにやってくる。これは伊豆半島と房総半島のごく一部でしか確認されていない。

［産卵騒動］
しぶきは産卵中の騒乱状態でできたもの。これが大体メス１匹に対するオスたちの集団。

［偵察部隊］
波頭に乗って産卵場の安全を確認中。波がない時には水面から頭を出して様子をうかがう「スパイホップ」も行う。むやみに動くと場所を変えてしまう。

［産卵直後］
オスの約半数は条件反射的に放精。産卵場はすぐに白濁してくる。

［産卵したメス］
石の上に卵が見える。次の波が来た瞬間、周囲のオスや波に乗ってきたオスたちがいっせいにそこへ放精する。

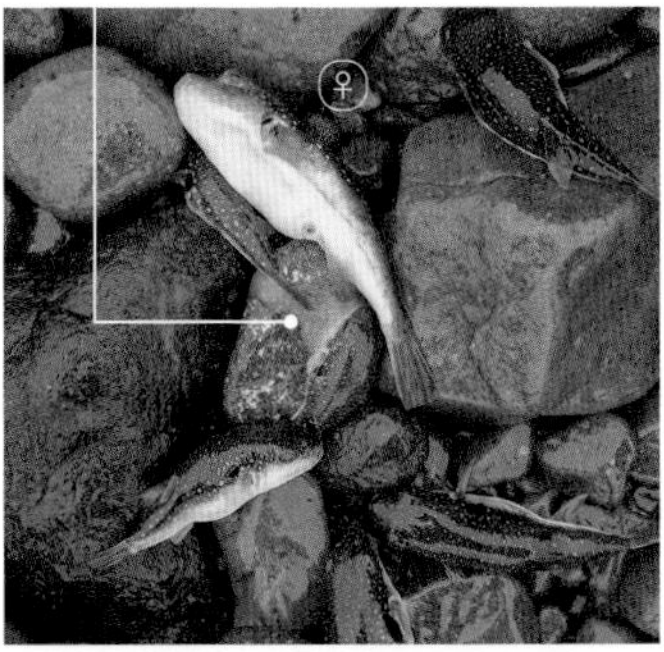

［噛み痕］
メスの背中にくっきりと噛み痕が。興奮状態がピークに達すると、間違って同性に噛みつくオスもいるようだ。

 撮影地 静岡県伊東市川奈（７月）、富戸（６月）

小さな恋の物語――タコベラ

タコベラは、ナポレオンフィッシュと親戚関係であるモチノウオに属する小型の魚だ。サンゴ礁域では淡褐色の個体が多く、本州中部のやや深い場所では暗褐色など、地域によって色彩変異が大きい。名前の由来は特徴的な尾ビレの形で、成魚になると尾ビレが三つ又状になり、菱形《ひしだこ》に似ていることから名づけられた。

日本の広い範囲に生息しているタコベラ、オスの持つ縄張りには数匹のメスが存在していて、繁殖期になるとオスは縄張り内を何度も巡回して、それぞれのメスに対してじっくり時間をかけて様子を確認するようになる。とにかく他のことには目もくれずメスの元に向かうのだ。

求愛と産卵は、白昼堂々と行われる。オスは縄張り内のメスの近くに行くと、スキンシップを図るようにその周りをゆっくりと泳ぐ。タコベラの恋はやさしく誠実で、いきなり手を出すような〝お下劣〟なアプローチはしない。それもそのはず、タコベラは縄張りでオスがいなくなると、いちばん大きいメスがオスに性転換する種なので、オスであっても女心が手に取るようにわかっている。いや、知り尽くしていると言っても過言ではないのである。

産卵の準備ができた彼女は、ヤギや少し大きめの石を、彼との待ち合わせ場所にする。まぁ「ハチ公前」のようなもので、ランドマークとして使うためだ。その彼女、驚くほど小さい個体が多い。私が見たいちばん小さなメスは3㎝弱、その相手のオスは11㎝もあり体格差は約4倍だ。小さな彼女はちょっとシャイ。物陰から物陰へと身を隠すようにしながら彼が来るのを待つ。時々ヤギ類の頂上付近から、辺りをうかがうように顔を出す仕草は、彼の到着を今か今かと待ちわびているようにも見える。しばらくすると彼が早泳ぎで彼女との待ち合わせ場所に接近、それに気づいた彼女が物陰から体を乗り出すと、彼は上空で、ゆっくりしなやかに求愛のダンスを始める。

幼い彼女は恋には少し臆病。「冒険したいけど、ちょっと怖い、でも彼の元に飛び込みたい」と上昇したかと思えば、急降下でヤギの中に身を隠す。またしばらくすると「ちょっと大人の恋もしてみたい」と泳ぎ寄る。肩が触れるとサッと離れ、また近づいてはまた離れる。そしていつしか彼に寄り添う。傍《かたわ》らから見るともどかしい時間が過ぎるが、最後は彼の愛を受け入れて上下に並んで泳ぎ出して一気に産卵する。

怖がりな彼女に、時にやさしく、時には情熱的に愛を表現する彼。それが女心を知り尽くしたタコベラの愛の流儀である。

タコベラ

遭遇率　★★★

観察できる海

相模湾以南～南西諸島、インド洋域、西部太平洋域。沿岸の岩礁域やサンゴ礁域、藻場など。

繁殖シーズン

繁殖期は晩夏～晩秋で、オスは縄張りを持ち数匹のメスを従える。産卵は日中で、メスが集まる数か所の産卵サイトで行われる。

撮影のコツ・難易度

繁殖期になるとオスは縄張りの巡回をするが、産卵時間が近くなるとメスのいる場所を訪問するようになる。このオスの巡回コースを見つけられれば求愛の撮影は難しくない。産卵の瞬間は早いので難易度はやや高い。被写体が全長12cmほどと小さいので標準系マクロ、望遠系マクロレンズが有効。

テーマ曲

「17才」(1971)
南 沙織

［待ち合わせるオスとメス］

メスは隠れていたヤギから身を乗り出してオスにアピール。

オスは縄張りを巡回中、ヒレを広げてメスにアピール。

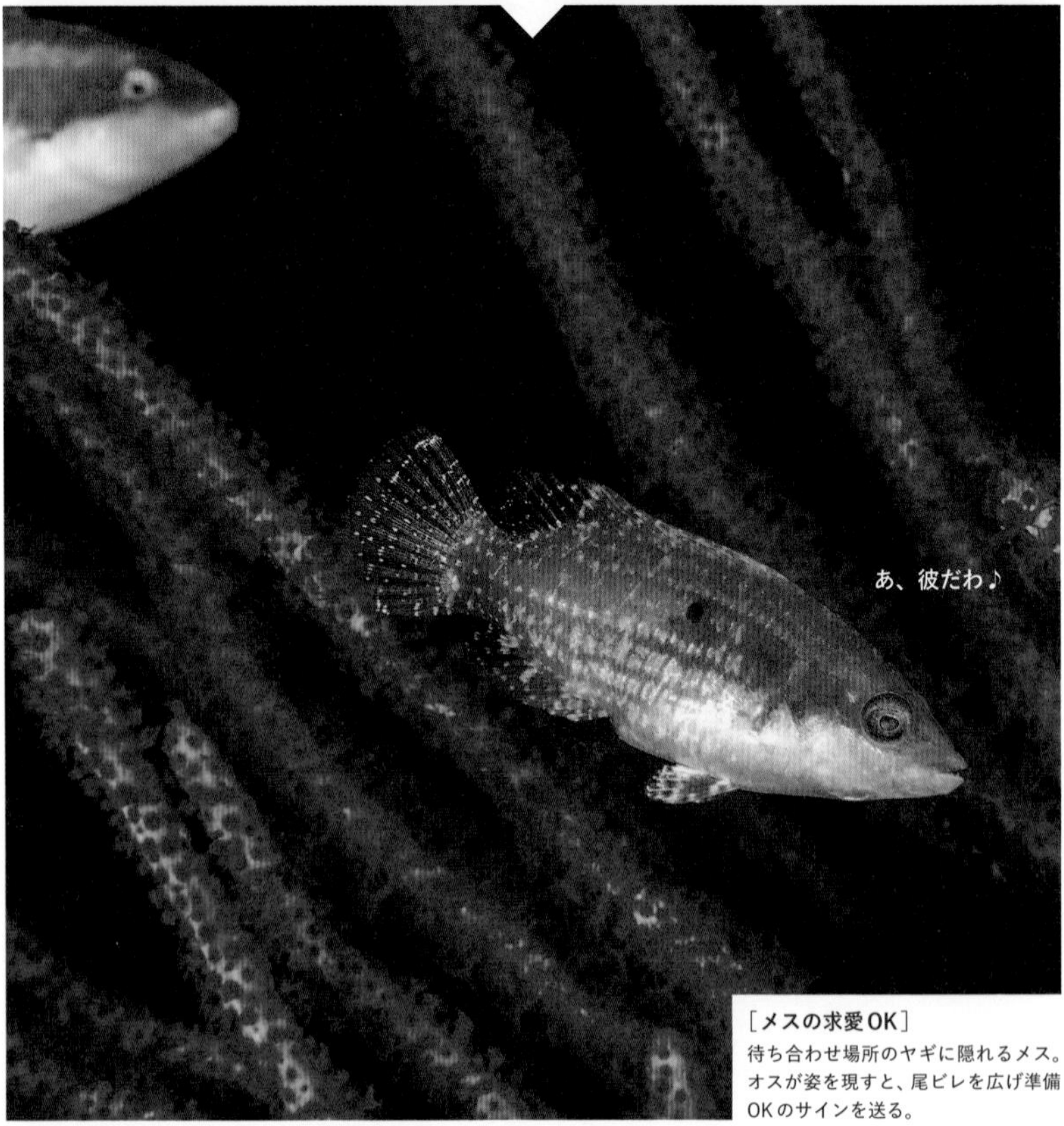

［メスの求愛OK］

待ち合わせ場所のヤギに隠れるメス。オスが姿を現すと、尾ビレを広げ準備OKのサインを送る。

［臆病なメス］
オスに近づいては離れ、を繰り返すメス。

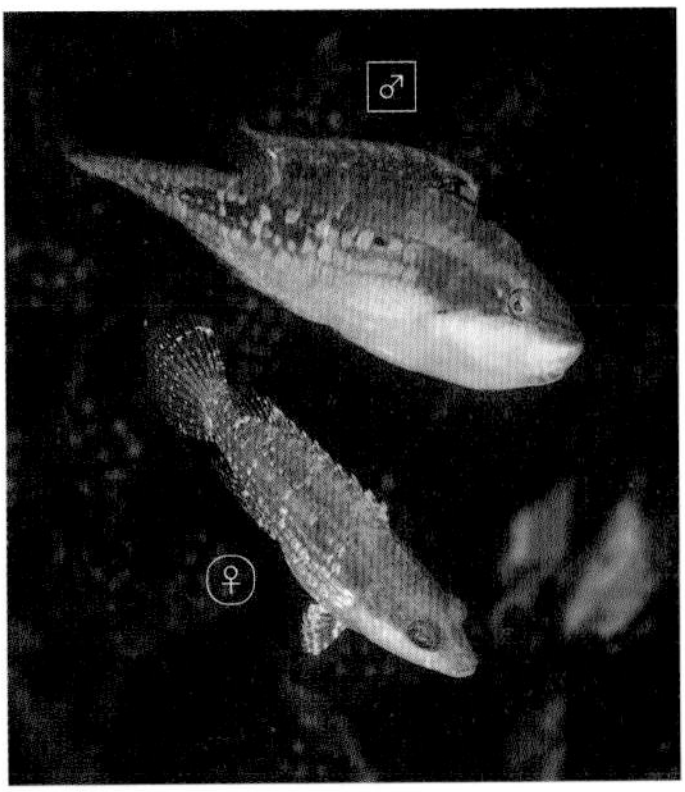

［求愛するオス］
オスは喉をふくらませるようにして産卵を促すが、臆病なメスはなかなか中層に泳ぎ上がらない。

驚くほど小さなメスが産卵することもある。

［上昇・産卵へ］
２匹は上下に並び、ゆっくり上昇するが産卵は素早い。

撮影地　静岡県沼津市大瀬崎（９月）、鹿児島県南さつま市笠沙（巡回中のオス／７月）

情熱のサンバ・カーニバル——キンギョハナダイ

キンギョハナダイは潮当たりのいい場所で数十〜数千匹が群れを作る、オレンジ色が鮮やかな数センチの小魚。まさにキンギョという名がぴったりで、紺碧の海に群れる姿は宝石を散りばめたかのような美しさだ。その光景を眼にすると「今日、潜ってよかった！」という気持ちになる。別名はウミキンギョ。おもしろいことに英名もSea goldie（海金魚）で、洋の東西、思うことは同じである。キンギョハナダイは生まれた時はすべてメスでそのまま成熟する。メスの体色はオレンジ色で、ブルーのアイシャドウがきれい。少女時代を経てオスに性転換すると、体色はやや薄くなり、背ビレの第3棘《きょく》が糸状に伸びるようになる。さらに胸ビレには明瞭な赤い斑紋が出てくるのだが、これはオスの最も大切なセックスシンボルの一つだ。

彼らの恋の季節は初夏から11月下旬まで。日中はオスとメスが入り乱れて盛んに摂食、潮の流れ具合によっては広範囲に分散したり密集したりする。やがて時間の経過とともに、オスはやや上方に泳ぎ上がり、下方にいるメスの群れに「U」字を描くように降下と上昇をし始める。これは「Uスイミング」と呼ばれる求愛だ。

陽が傾き斜光が強い刻限になると、いよいよ産卵の時。それまで各々でUスイミングをしていた男たちが、この時を待っていましたとばかりに女たちのやや上にポジションを取る。一方、女たちも男たちの下に集結する。上方の男たちはいっせいに女たちの群れを目がけて急降下と急上昇を繰り返すようになる。時間を追うごとにその頻度とスピードは増していき、はじめは強引なアタックから逃げるようにしていた女たちも、動きを男にシンクロさせるよう上下に動き出す。

こうなると男は薄桃色の体に橙色《だいだい》の斑紋を出した〝勝負服〟に変身！　さらに胸ビレにある赤斑を女たちに見てくれとばかりに広げ、キュキュ、キュキュッとリズミカルに踊りだす。その様子はまさにカーニバル、数十匹の男たちがいっせいに繰り広げるサンバは見応えたっぷりだ。下方に待機する女たちから見ると、胸ビレの赤斑が水面からの光で一層魅力的に感じるらしい。その情熱的なダンスに魅せられて女たちが男の元に泳ぎ寄り始めると、いよいよ〝その時〟がくる。男は両腕を広げるかのように胸ビレを精いっぱい開き、8の字を描くようにステップ、そして激しくターン、そしてまた、ステップ。その求愛に心を奪われた女は男との距離を一気に縮め、絡み合いながら産卵する。

激しいダンス、見つめ合う二人、サンバのステップに乗せて愛を高めていく――これがキンギョハナダイの愛の流儀だ。

キンギョハナダイ

遭遇率　★★★

観察できる海

太平洋岸、伊豆・小笠原諸島、福岡県以南の日本海、琉球列島、インド・太平洋。潮通しのいい水深5～30mほどの転石や岩礁帯などで、数十匹～数千匹の群れを形成する。

繁殖シーズン

繁殖期は7～11月下旬で、午後遅くから薄暮にかけて、オスが数匹～数十匹のメスを相手に次々とペア産卵をする。

撮影のコツ

キンギョハナダイが多数群れる場所で、夕方まで潜れる場所であれば観察は容易。求愛ダンスは多くのオスがいっせいに始めるので目移りするが“モテオス”を見つけるのが秘訣。分布域が広く、群れや求愛～産卵の瞬間、中層での撮影など、異なる技術を要するため、生態撮影の練習にはもってこい。群れはワイド、標準系マクロ、望遠系マクロが有効。

テーマ曲

「La Cumparsita」(1951)
Juan D'Arienzo

［**オスの婚姻色**］
産卵の時間が近づくと、薄桃色の体色から橙色の斑紋を出す。

［**癒やされるキンギョハナダイの群れ**］
薄桃色の個体がオス。オレンジ色がメス。

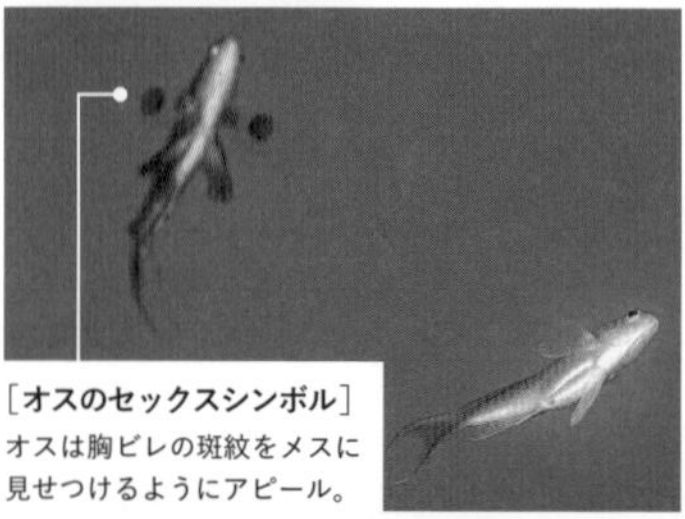

［**オスのセックスシンボル**］
オスは胸ビレの斑紋をメスに見せつけるようにアピール。

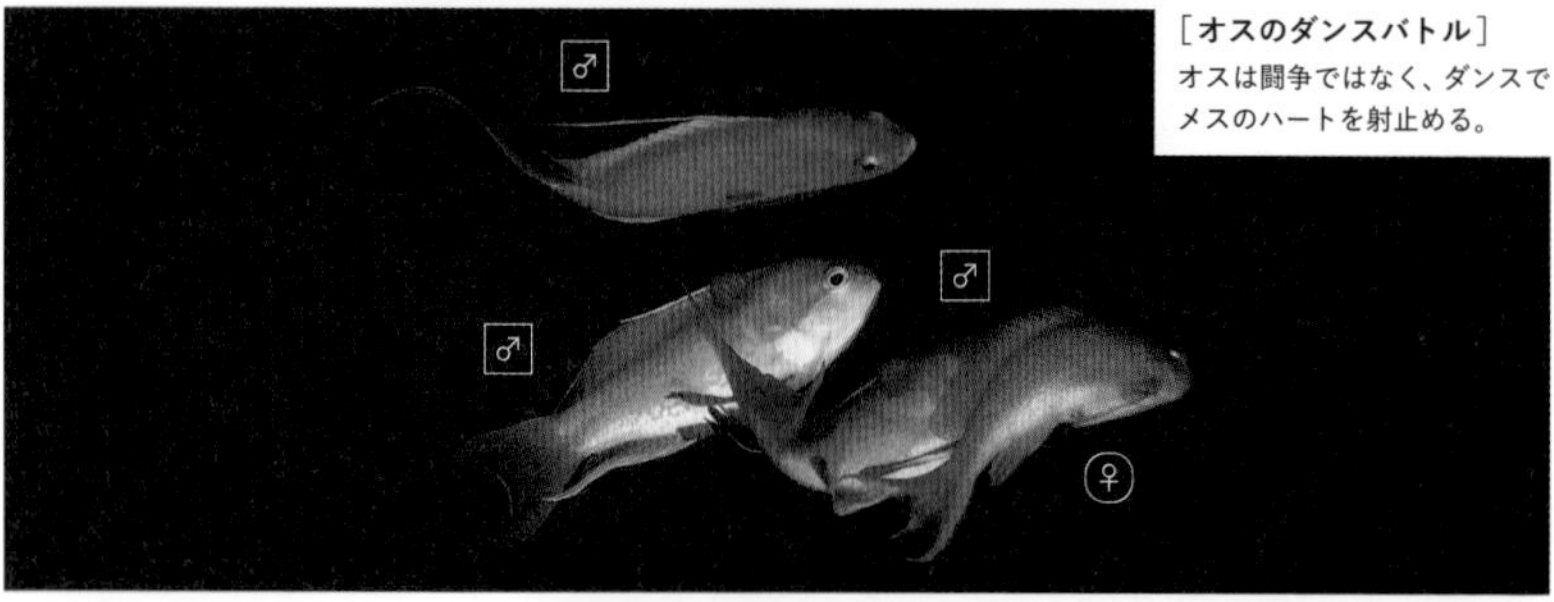

［**オスのダンスバトル**］
オスは闘争ではなく、ダンスでメスのハートを射止める。

［**モテるオスを探せ！**］
次から次にメスが泳ぎ寄る、ダンス上手なオスをいち早く見つけるのが撮影のコツ。

［産卵直前］
メスはお気に入りのオスを選び、横並びで泳ぎ出す。

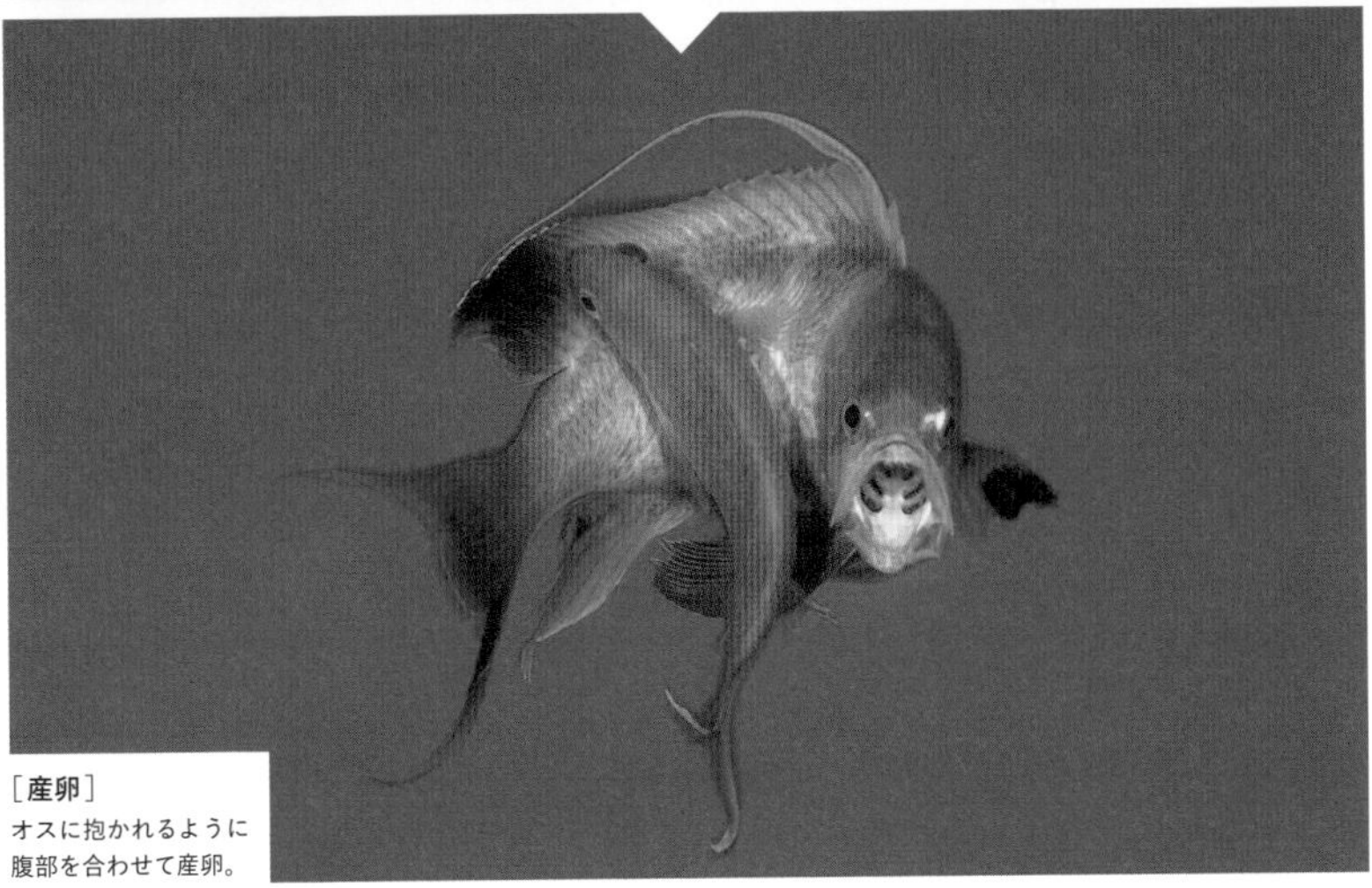

［産卵］
オスに抱かれるように
腹部を合わせて産卵。

 撮影地　静岡県沼津市大瀬崎、高知県幡多郡大月町柏島（8～11月）

絡み合う愛の行方――ワカウツボ

私にとってウツボ類の産卵は30年来の課題であり、目標でもある。彼らの産卵自体、年に1回しか行われないといわれていて、フィールドでの研究も観察例もほとんどない。一縷《いちる》の望みにすがり、何度も挑戦し、その都度撃沈。ビートルズの「The Long and Winding Road」が脳内をリピートする中、肩を落とし、水から上がったことが何度あったことか。それほどまでにウツボの産卵は到達しがたく尊いものだ。

さて、今回の主役であるワカウツボの和名は、初めて観察された和歌山市の和歌浦《わかのうら》に由来している。ちなみにウツボ（鱓）は矢を入れる容器である〝靭《うつぼ》〟に姿かたち、色などが似ていることからきている。ワカウツボは全長60㎝ほどで、褐色の体に白の網目模様があるが、産卵前のメスは茶褐色に黄色の小斑紋が入り、違う魚のように見える。彼らは定住性もかなり強く、産卵期には明確な縄張りを形成しているように思う。

さてさて、彼らの恋の物語の始まりは、夏の強い日差しがおさまり、夕凪が爽やかさと静けさを海辺にもたらす刻《とき》。薄暗い海底で体をくねらせながら彼女の住まいを目指す彼。彼女は家の窓から顔を出すように、頭だけをサンゴの上縁《じょうえん》から出して恋人を待つ。やがて彼が登場し、彼女の隣に腰を落ち着ける。1年間待ちわびた彼と彼女。彼はしばらく周囲を見回し、彼女を横取りする輩が現れないか確認。ここまできてやっと求愛に移るのだ。

最初は彼女に顔を近づけ、少しずつ距離を縮める。その姿はまるで〝愛の語らい〟をしているかのようだ。さらに彼は自身の体を彼女の鼻先に押し付けるような行動をとりだす。すると彼女も彼のほっぺたに

〝チュ！〟とばかりに甘噛みをし始める。これが彼の愛を受け入れたサイン。そうなると彼はいつの間にか同じ巣穴に入り込んで、その長い体を彼女に優しく巻きつけるようにして、愛のボルテージをどんどん上げていく。彼女もさらに甘噛みで応える。「もう離れないわ」と言わんばかりに彼女は最後、彼の頭にきつく歯を立てた。二人は噛みついたまま絡み合うように上昇、産卵したのであった。下品な物言いで申し訳ないが、その様子は「私を天国へ連れていって」と昇天するかのようだ。

海のギャングと人々から嫌われるが、じつはとても臆病で紳士的。どこまでもやさしく接する彼の求愛に、愛の甘噛みで応える彼女。織姫と彦星のような年に一度の逢瀬――これがワカウツボの愛の流儀である。

ワカウツボ

遭遇率　★☆☆

観察できる海

八丈島、小笠原、千葉県館山以南～琉球列島、台湾、インド・太平洋の温帯～亜熱帯の沿岸岩礁域～サンゴ礁域。

繁殖シーズン

観察記録が皆無に等しいほど少ないので、確定的なことは言えないが、夏季の大潮回りの夕方から夜にかけて。ウツボ類は個体数がそう多くない上、シーズン中の産卵回数がかなり少ないこともあり、求愛・産卵の遭遇率は低い。

撮影のコツ・難易度

夕方～日没時に2匹が並んでいる場合は産卵の可能性が高い。メスはやや臆病で神経質なので赤ライトの使用が望ましい。チャンスも少なく、魚体も長い、産卵は上昇スピードと高度もあるので撮影難易度はかなり高い。産卵の瞬間はワイドレンズがいいが、求愛の表情狙いに徹するならば標準系マクロレンズがおもしろい。

テーマ曲

「果てなく続くストーリー」
(2002)
MISIA

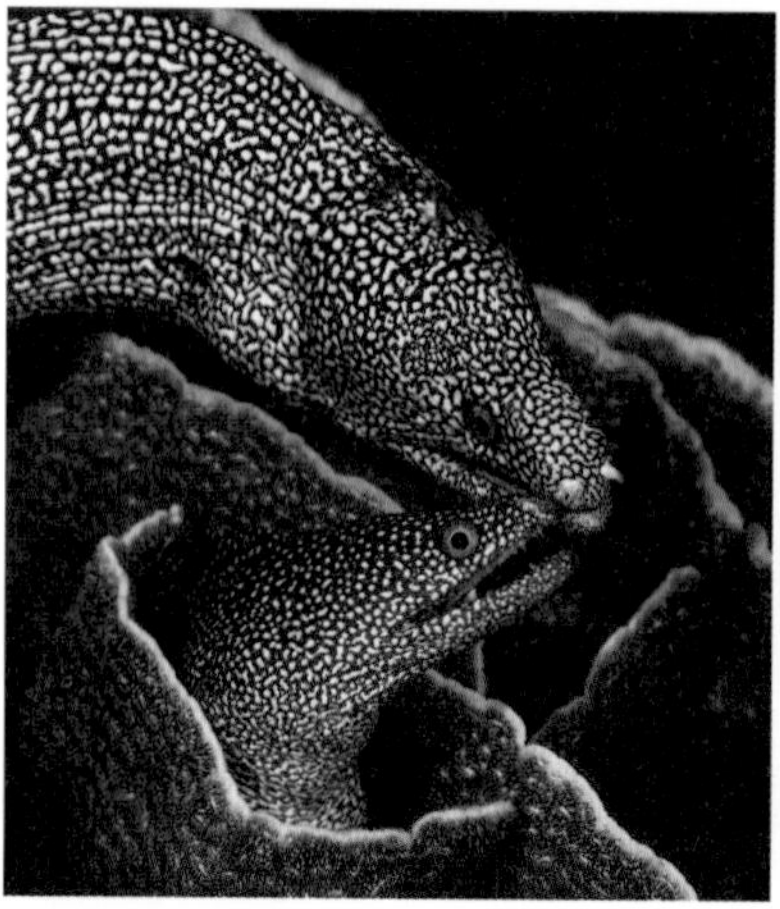

[オスのソフトな求愛]
オスがメスの口先に顔を近づけると、メスがチュッと返す。オスの後頭部にはメスに噛まれた痕だろうか、傷が残っている。

[産卵1時間前のペア]
オスは周囲の状況を確認しながら、メスにつかず離れず。この後、求愛はエスカレートしていく。

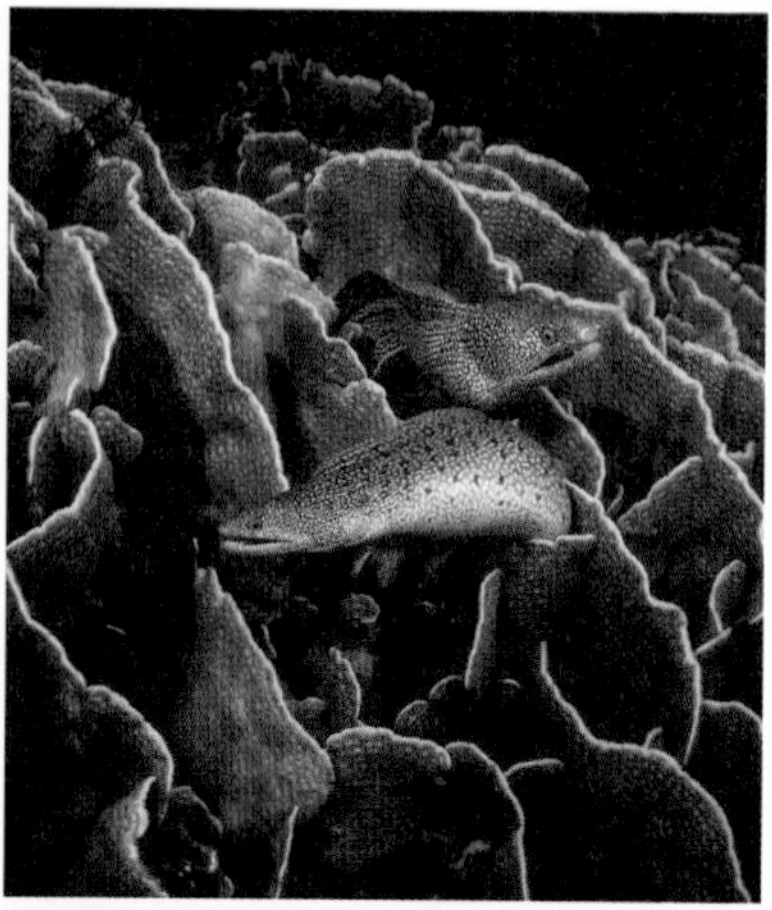

[メスの求愛は甘噛み]
求愛の最終段階になるとメスはオスのアゴを甘噛みする。

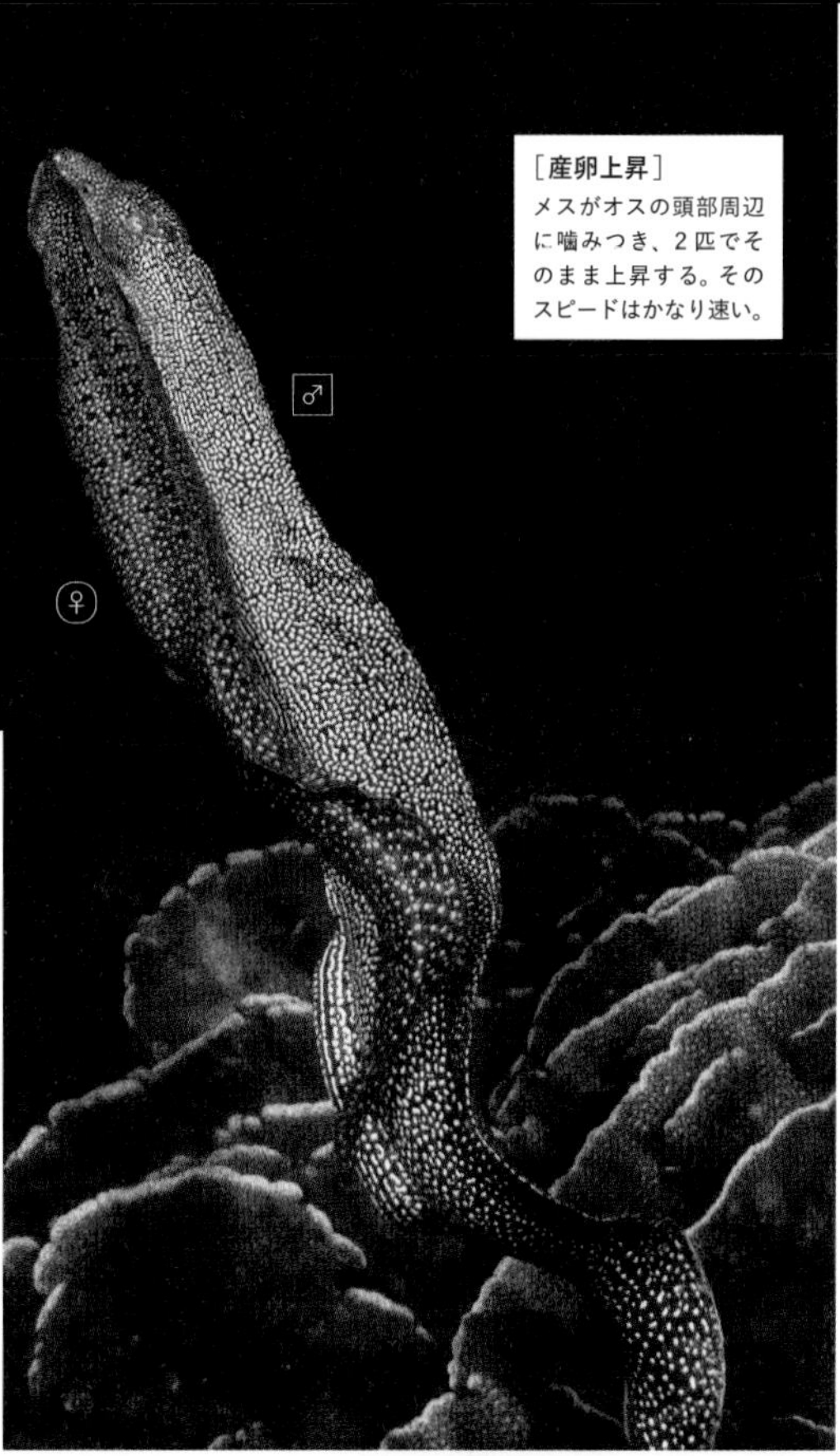

［産卵上昇］
メスがオスの頭部周辺に噛みつき、２匹でそのまま上昇する。そのスピードはかなり速い。

２匹で上昇し、絡み合うようにして放卵・放精が行われる。産卵回数が少ないといわれるだけあって、卵の量はかなり多い。

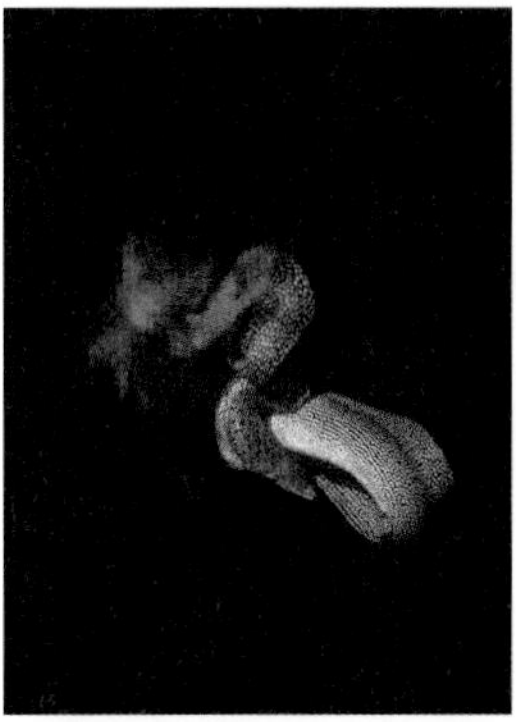

ウツボ類の求愛もさまざま

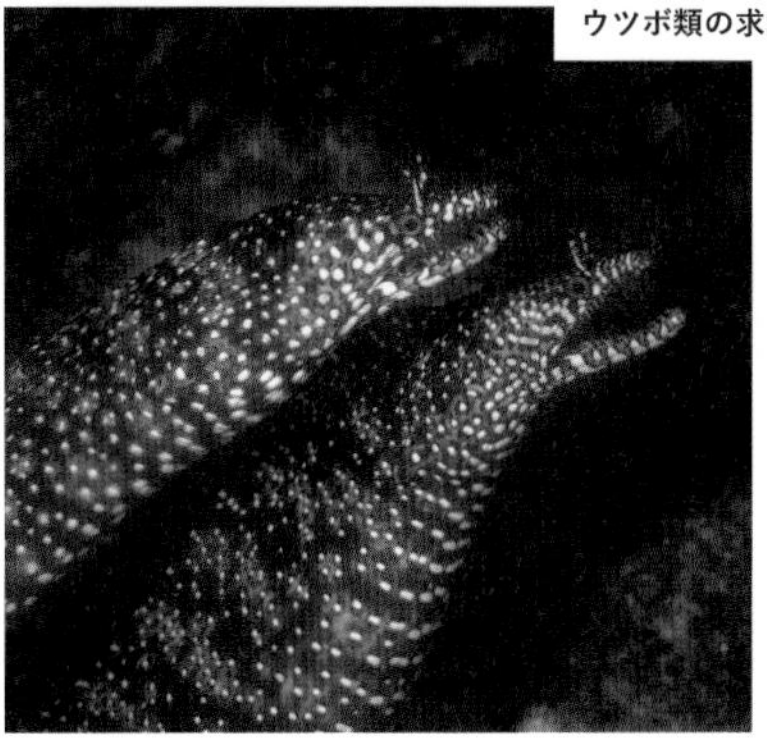

［トラウツボの場合］
お互いが噛むことなく産卵上昇する。この写真の数分後に３mほど上昇して産卵した。この時は小潮回り（大瀬崎 ９月）。

［ウツボの場合］
ワカウツボとは逆で、オスがメスに噛みつきながら産卵上昇する。この写真は産卵直前のペア（大瀬崎 ８月）。

撮影地　鹿児島県南さつま市笠沙（８月）、静岡県沼津市大瀬崎（ウツボ・トラウツボ）

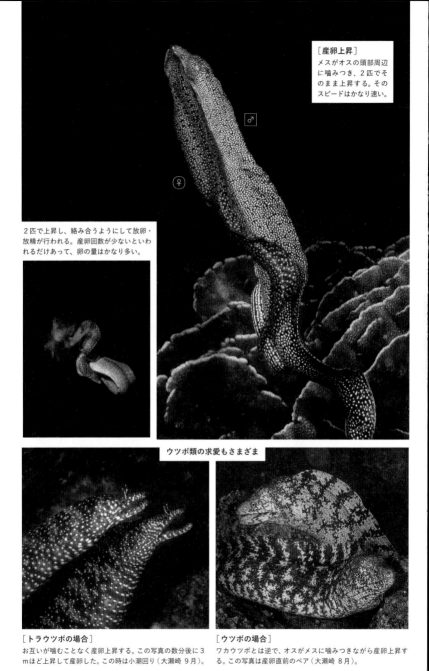

おじさんたちの恋 ―― ヒメジとインドヒメジ

ヒメジ類は総じて顎《あご》に一対のヒゲ状の感覚器があり、その容姿から「おじさん」の異名を持っている。その中には標準和名がずばりオジサンという魚もいるが、今回はヒメジとインドヒメジにスポットを当ててみよう。まずはヒメジ、体長は20㎝ほど。白銀地に赤い斑紋、均整のとれた華奢《きゃしゃ》な姿から「姫《ヒメ》」という名をもらっている。学名は *Upeneus japonicus* で、日本を代表する魚の一つである。海底から離れることはなく、動きも緩やかなのが特徴だ。食用ではあまりなじみがないが、じつはとてもおいしい魚で、フランスなどでは高級魚としてムニエルなどで食されている。一方のインドヒメジは体長20㎝強、体の前半部が赤暗褐色、後半部分が黄色である。おもしろいことにインド近海には生息しておらず、そのビビットな色彩が和名の由来ともいわれている。ヒメジと同様に海底付近が生活圏であるが、こちらはヒメジとは真逆で、留まるという言葉を知らないほどよく泳ぐ。

そんな海のおじさんたちはいったいどんな恋をしているのだろう。ヒメジとインドヒメジ、じつはまったく異なる愛の姿を持っている。

ヒメジは夕暮れ時にペアになり、海底で静かに夜を待つ。たまに彼が彼女の鼻先でTの字状になって体側誇示を行うくらい。やがて、自慢のヒゲで彼女の体をやさしく撫《な》でるように添わせ始める。このヒゲは本来砂の中の餌を探るために使われているが、触覚だけでなく味覚も兼ね備えている。つまり、私たちに置き換えると手でもあり、舌でもあるのだ。であるから求愛でも、このヒゲを使うことに納得である。陽が落ち暗闇の中、ヒゲを使って彼女をまさぐるのが何とも悩ましい。二人が横並びになると、いよいよその時——息を合わせて、海底から斜め上に一気に泳ぎ出して産卵。まさに静から動への切り替えの美しさである。

もう片方のおじさんであるインドヒメジにはランデブーサイトがある。夕方になるとオスは縄張り内を泳ぎ、メスたちをここに集める。いや、正確に言うと泳ぎっぱなしで集めるのだ。やがて彼は体を斜めに傾けながら執拗に求愛、相手がその気になってきたところで、スゴ技を繰り出す。なんと航空機の空中給油さながら、自分のヒゲを彼女の背中にぴったりとくっつけて、真上を並走するのだ！　ヒゲで愛のシグナルを送っているのだろうか、それとも意思のやり取りをしているのかはわからないが、直後に産卵となる。

ある者は寄り添いながらヒゲで静かに愛をささやき、ある者は自慢のヒゲを巧みに使ってアクティブに愛の道を突き進む——これがおじさんたちが繰り出す愛の流儀である。

ヒメジとインドヒメジ

遭遇率　★★★

観察できる海

ヒメジは北海道〜九州南岸の太平洋沿岸・日本海の温帯域、瀬戸内海、インドヒメジは伊豆半島以南〜琉球列島、台湾、西部太平洋の温帯域・亜熱帯域。近年は温暖化の影響で生息域が北上している。

繁殖シーズン

いずれも夏が繁殖期で、ヒメジは日没前からペアリングし日没後に産卵。インドヒメジは夕方にオスがメスたちをランデブーサイトに集め、次々と産卵を行う。

撮影のコツ・難易度

ヒメジは産卵サイトを持たず、ペアで素早く泳ぐワンチャンス撮影となるので撮影難易度は高い。インドヒメジには決まったランデブーサイトがあり、数匹のメスが集まり複数回チャンスがあるので難易度は高くはない。いずれも標準系マクロレンズか望遠系マクロレンズが有効。

テーマ曲

「真夜中のドア〜Stay With Me」(1979)
松原 みき

ヒメジ

[take off]
産卵上昇に移る瞬間のペア。このまま１m以上の距離を泳ぎ産卵となる。

[求愛]
ヒゲで求愛中のオス。大きな動きはほとんどないが、ヒゲを使って何かを伝えているようだ。

[産卵]
海底から一気に斜め上方に泳ぎながら産卵する。偶然かもしれないが、この時はメスのヒゲがオスの腹ビレに接していた。

インドヒメジ

［**ヒゲピタ！**］オスは、メスにヒゲを添わせる。このヒゲで愛を伝えているのだろうか。

［求愛の体側誇示］
オスはメスの眼の前で体を斜めに傾けて、全身を見せつける。この体側誇張はしつこく、動きも激しい。

［ランデブーサイト］
夕方、メスたちもランデブーサイトを意識しているようだ。そんなメスに対して、オスはすぐに近づいてくる。

［産卵の瞬間］
求愛後、メスの横にオスが並び、そのまま産卵へ。体色が著しく変わることも。たいてい小さいメスから産卵が行われる。

撮影地　ヒメジ：静岡県沼津市大瀬崎（8月）、インドヒメジ：鹿児島県南さつま市笠沙（7月）

透明肌に魅せられて――アオリイカ

アオリイカ、その名の由来はヒレを広げた姿が、馬の両側に垂れ下げる泥除け「障泥《あおり》」に似ていることからといわれている。地域によっては、藻場に産卵することからモイカ（藻烏賊）、褐色から水のような透明に一瞬で変わることからミズイカ（水烏賊）など、さまざまな呼び名があり、どれもこのイカの特徴をよく表している。ねっとりとした食感と甘みで最も高価なイカといわれ、刺身はもちろん、五島列島や島根半島で作られるアオリイカのするめ干しは絶品中の絶品で、〝酒のあて〟にまことに合う。

初夏、深場で過ごしていたアオリイカたちは水温の上昇とともに岸寄りにやって来る。浅場で彼らを見ることができたら、恋のシーズンが開幕して産卵期を迎えたことを意味する。イカ・タコ類の眼は人間に最も近い構造といわれていて、水中においては私たちよりよく見えているようだ。ダイバーが産卵床に近づくとイカの姿は見えず、しばらくしてからイカたちが産卵にやって来ることがあるが、それはイカがいち早くダイバーを見つけているから。また、視力のすぐれたアオリイカは、体色や斑紋を使って仲間に情報を伝えているようで、ある研究では40以上のコミュニケーションパターンを持っているという。それは繁殖期にも見られ、相手への求愛にも使われる。自らの体を透明にしてオスは精巣を、メスは卵巣を相手に見せつけてセックスアピールをするのだ。そのサインはペアリングしている相手以外にも発しているようだ。相手のいない独身男が人妻を魅了すべく体を透かして自らをアピールしながらペアに近づく。当然、夫はヒレを広げ、体色を濃くして独身男を威嚇。それでも相手が引かなければ男同士の闘争となる。

驚くべきは妻の行動である。夫と闘争中の独身男に対しても体を透明にして自らの卵巣を見せつけるのである。彼女は自分をアピールして男同士を戦わせてしまうのだ。中には、男前のオスが来ると闘争が始まる前にちゃっかり鞍替《くらが》えしたり、闘争に負けた独身男について行ってしまう妻もいる。なんとも罪作りな恋に生きる女である。一方、産卵中に妻を守るように寄り添う夫は甲斐甲斐しく見えるが、自分の身に危険が迫れば、さっさと妻を置いて逃げてしまう。

瞬時の体色変化によって自らをアピールし、出会いのチャンスを逃さない。恋多き女に、男たちが翻弄されるーーそれが彼らの愛の流儀だ。

アオリイカ

遭遇率　★★★

観察できる海

本州では大きさや体色の違いによってシロイカタイプとアカイカタイプの２種が存在する。本項で扱っているシロイカタイプの生息は北海道南部以南となっているが、産卵が確認できているのは太平洋岸では茨城県南部以南、日本海側では佐渡島以南の沿岸域。

繁殖シーズン

５～８月、水温が16℃以上になると繁殖行動が活発になる。シロイカタイプは水深5～25mで、産卵初期は浅場から始まりその後時間の経過とともに深場に産卵場所が移行する。産卵・交接ともに９～15時が最も盛ん。

撮影のコツ・難易度

近年はダイビングポイントで産卵床の設置が多く、その場所なら容易に見ることができる。透明度が高く、晴れている日ほど寄ることができるので難易度は低くなる。被写体が大きく、寄れるので撮影にはワイドレンズが有効。

テーマ曲

「魅せられて」（1979）
ジュディ・オング

［水温16℃、恋のシーズン開幕］
浮気性のメスを射止めるため、オスたちは色を変えて猛アピール。

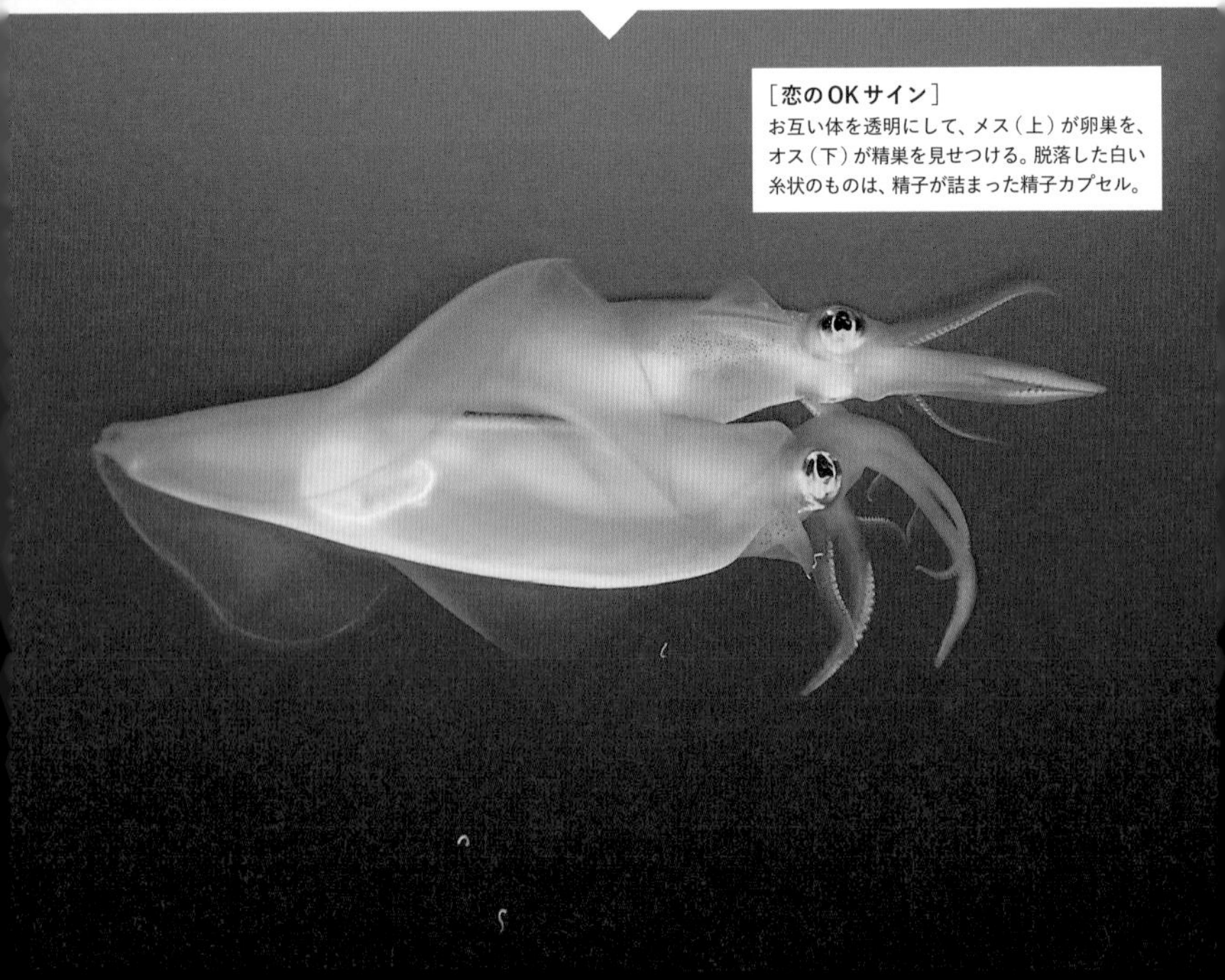

［恋のOKサイン］
お互い体を透明にして、メス（上）が卵巣を、オス（下）が精巣を見せつける。脱落した白い糸状のものは、精子が詰まった精子カプセル。

［産卵］
オスに守られながら、メスはその下で卵塊《らんかい》を産みつけていく。

［交接］
OKサインの透明肌でお互いの愛を交わす。

［愛の結晶］
産卵直後の卵塊は透明で美しい。アカイカタイプ、シロイカタイプで卵の数が異なる。

［誕生］
ハッチアウトは日没直後か夜明け直前、墨を吐きながら一気に水面を目指す（水槽撮影）。

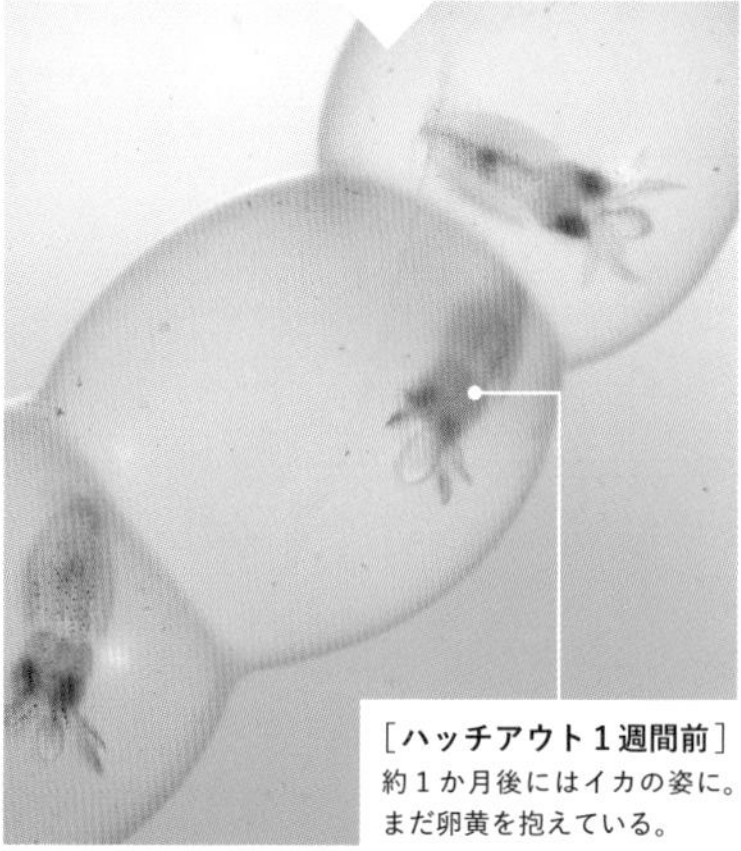

［ハッチアウト１週間前］
約１か月後にはイカの姿に。まだ卵黄を抱えている。

撮影地　静岡県沼津市大瀬崎、和歌山県東牟婁郡串本町須江（ともに５～６月）

美《ちゅ》ら海《うみ》の多忙なラブストーリー――デバスズメダイ

デバスズメダイは全長8㎝程の小魚で、光の当たり方によっては浅葱《あさぎ》色や若草《わかくさ》色などさまざまな色に見える。彼らが浅場のサンゴ礁に群れる様子はとても華やかで美しく、南国の水中を象徴するシーンとしてポスターやポストカードなどでもよく使われている。

ところで、和名の〝デバ〟の由来が〝出歯〟から来ていることは意外と知られていない。彼らの口元をよく観察してみると、確かに下の歯が前に突き出ており、ともすると〝出っ歯スズメダイ〟と名づけられていたかもしれない。出歯と出っ歯ではえらい違いである。南国を象徴する魚にはやっぱりクールな名前でいてほしいから、命名者にはデバスズメダイに成り代わってお礼を申し上げたい。ちなみに英名はBlue green damselfishと、スタイリッシュである。

さて、大所帯で暮らすデバスズメダイの恋愛事情とはどんなものだろう。産卵は日中に行われるが、まずはオスによる〝愛の巣〟の掃除から始まる。彼は群れから一人離れ、付近の岩やサンゴのガレキに付着した小さな海藻を口で器用についばみ取っていく。さらに散乱する小石などをくわえては外に運び、大きいものは尾ビレを使って吹き飛ばす。この掃除の出来いかんで、カノジョを射止められるか否かが決まってくるのは、人間同様である。

掃除が終わったら次はいよいよ恋のお相手探し。群れの中に消えていった彼は、しばらくすると少し群れから離れたところに意中の彼女を連れ出してきた。どうやらカップルが成立したようだ。彼に誘導されるように産卵床へと向かう二人。彼は彼女の体をつついて産卵を促していく。するとそれに応えるように彼女の体が美しい若草色へと変化し始める。やがて彼がきれいに整えた産卵床に愛の結晶を産みつけていった。しかし彼に見とれている暇はない、彼は次から次へと別の彼女を呼び込んで繁殖行動を繰り返していくのだ。人間だったら「二股だ」「三股だ」と軽蔑されて大変だが、彼らには彼らなりの恋のルールがあるのだろう。それにデバスズメダイの場合、卵の世話はすべて夫が行うからそれはそれで大変。卵は2～3日で孵化するといわれているので、育てても育てても、次から次へと子育てに追われることになるから〝モテ〟すぎるのも考えものである。

紺碧《こんぺき》の美ら《ちゅ》海に、宝石のごとく輝くデバスズメダイたち。私たちの心をときめかせる水中シーンは、彼らの愛の流儀に支えられ、彩られている。

デバスズメダイ

遭遇率　★★★

観察できる海

奄美大島以南、中部～西部太平洋、インド洋の礁湖内の水深12m程度までの枝状サンゴ類の周りで群れを形成している。

繁殖シーズン

熱帯地域では通年繁殖といわれるが、国内では水温が高くなる夏季の日中。群れている周辺の海底に産卵床を作るので、群れの周囲のガレサンゴの上などを丹念に探せば産卵シーンが見られる。オスは婚姻色として背ビレや尾ビレ、胸ビレを黒くする場合もある。一斉産卵になることもあるらしい。

撮影のコツ・難易度

光の当て方次第で体色が変わり、反射も強いなど、撮影は厄介。ストロボでは表現できない場合もあるのでライトでの撮影も視野に入れたい。産卵は時間をかけて行われるので難易度は高くない。標準系マクロレンズか望遠系マクロレンズが有効。

テーマ曲

「Far Away」（2006）
Libera

[産卵前のスキンシップ]
産卵直前までオスはメスに対して体側誇示を盛んに行う。

[ヒレ全開で求愛するオス]
オスの婚姻色は背ビレや胸ビレの一部を黒くすることもあるが、変化しない個体も多い。

[産卵直前]
産卵の準備ができたメスは、オスに寄り添うような仕草を見せる。

メスは立ち上がるようにして岩の突起に産卵する。

[**産卵**]
産卵中、体色は美しい若草色になる。

デバススズメダイの乱舞は誰もが心躍る光景。(撮影:中村宏治)

 撮影地 沖縄県久米島(7月)、石垣島(5月)

カマキリ夫人とやり逃げ男——アナハゼ

今回の内容はけっして品があるとはいいがたく、多少脱線気味であるが、まぁ、お許しいただきたい。

1971年から始まった日活ロマンポルノ、その流れをくんで東映が発表したのが映画『かまきり夫人の告白』だ。このタイトルはカマキリが交尾の際にオスを食べてしまうことから命名された。ストーリーはこうだ、五月みどりが演じる魔性の女に男たちが次々と誘惑され破滅していくというなかなかすごい内容であるが、これ以上話を進めると、この頁すべてを使うことになるので、残念ではあるがここで封印である。

本題に入る前にアナハゼについて語らねばなるまい。アナハゼは「ハゼ」と名はつくが、ハゼの仲間ではなくカジカ科に属する魚だ。ではなぜ、ハゼという名前をもらったのか？　アナハゼのオスは大きな生殖突起を持ち、メスと交尾するという繁殖方法をとる。その男性のシンボルを表す古称を「おはせ」とか「はせ」といい、アナハゼのハゼの名前はそれに由来しているようだ。「アナ」のほうは皆さんの想像どおりであり詳しい説明は必要ないだろう。地方名においても「ダラモノ」（北陸）、「チンポダシ」（広島）とそのものズバリの表現であるが、またもや脱線をしそうなので話を次に進めよう。

アナハゼの愛の季節は晩秋、11月下旬頃からが本番である。この時期になるとオスはメスを探して徘徊するようになる。いかに魚といえど、下半身丸出しでメスを探すのだから自己顕示欲が強いのか、はたまた露出狂か。しかも、底生魚である彼らは海底スレスレを泳ぐ。そうなると、ぶらぶらさせたアソコがカキ殻などでこすれているように見えるのだ。その姿に僕は思わず「痛い！」と声を発しそうになるのは同性だからこそ。一方のメスは産卵を控え栄養をとり、日増しにふくよかになっていく体を誇示するようになる。

豊満になった彼女を見つけた彼は後を追いかける。だがしかし、その距離は一定を保ちながらである。それには大きな理由がある。アナハゼは産み出す卵が大きいため、メスは多くのエネルギーを必要とする。しかも彼女は肉食系。彼女たちにとって不用意に近づく彼は愛の相手であると同時に、エネルギー補充の「獲物」でもあるのだ。それは彼もわかっているので、本当の意味で彼女に「食いものにされないように」一定の距離を保ち、後方から接するのである。悲しいオスの性《さが》、「もう、どうにもとまらない」ので、彼女の口が塞がっている食事中か、腹が減ってなさそうな時を狙って、一瞬の隙をついて後方から合体を成就させる。彼はその余韻に浸る間もなく、ましてや甘いひと時を感じることもなく、やり逃げる。

文字どおり、男を食いものにするカマキリ夫人と、命がけで彼女をものにする男。食うか食われるか——愛という言葉の裏に潜む究極の駆け引きこそが、アナハゼの愛の流儀である。

アナハゼ

遭遇率　★★★

観察できる海

北海道南西部から九州に至る日本各地と朝鮮半島南部の藻場や岩礁域の浅瀬。日本近海海域の固有種。近年では地球温暖化の影響からか、平均水温が高くなっている地域では著しい減少傾向にある。

繁殖シーズン

伊豆半島などでは低水温期に当たる冬が繁殖盛期で、求愛・産卵は日中に行われる。

撮影のコツ・難易度

産卵床となるホヤ類があるような場所で、よく泳ぎ回るオスを見つけること。そのような場所にはメスがいるので交尾や産卵が狙いやすい。その瞬間は短時間だが動きは速くないのでフォーカスを取る時間もあり、撮影難易度は思っているほど高くはない。体長15cm 程度なので標準系マクロが有効。

テーマ曲

「どうにもとまらない」(1972)
山本 リンダ

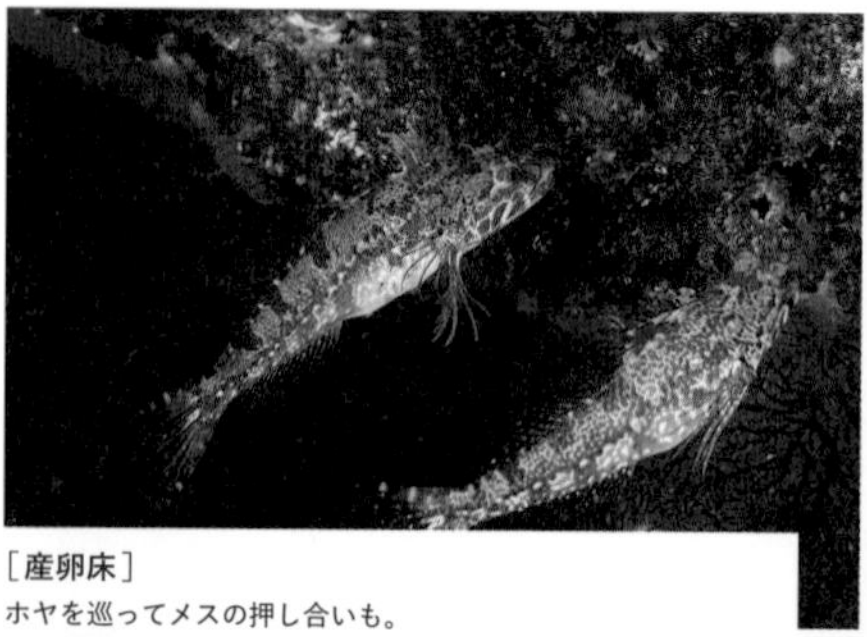

［産卵床］
ホヤを巡ってメスの押し合いも。

［男のシンボル］
成熟したオスの生殖器。

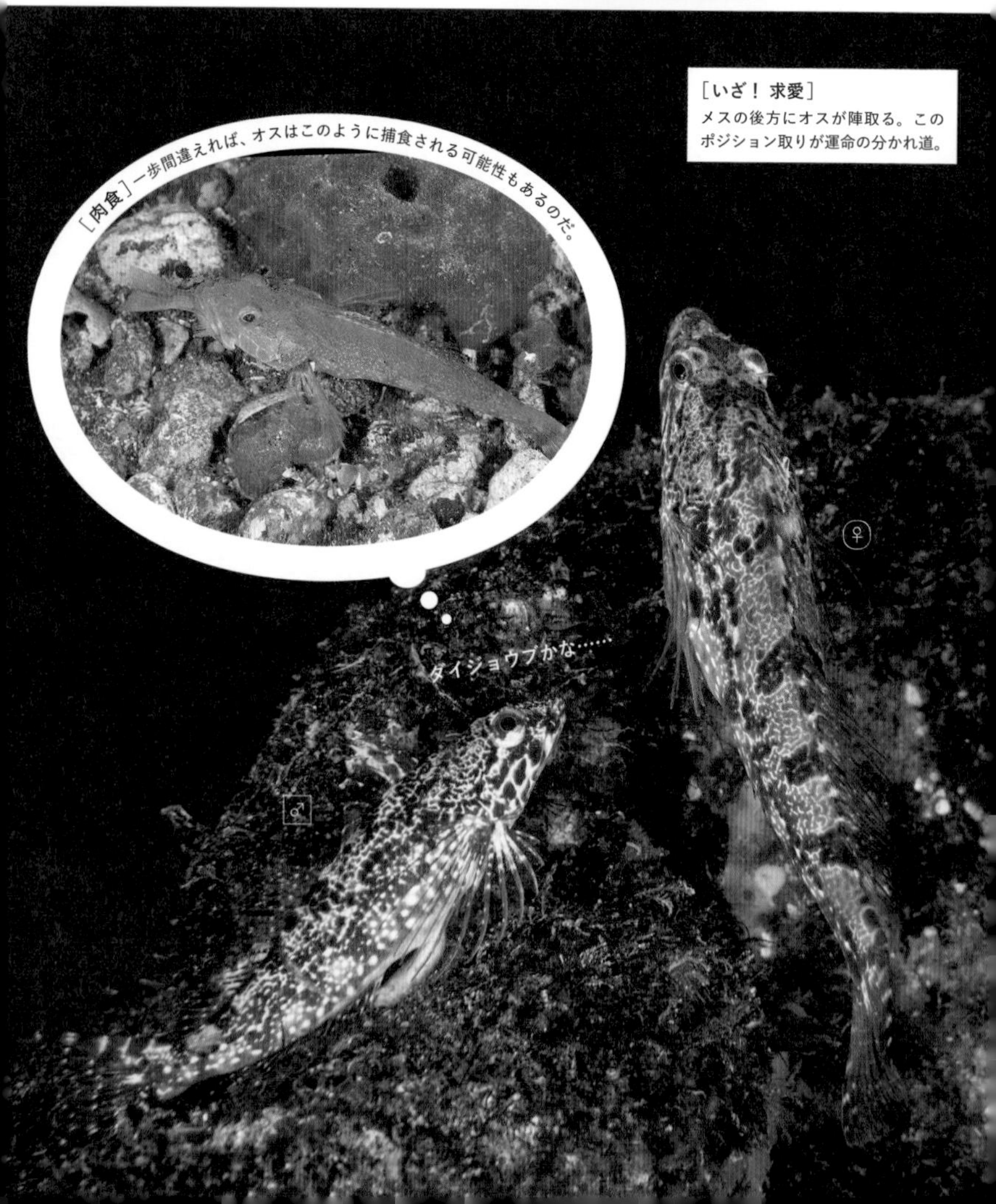

［いざ！ 求愛］
メスの後方にオスが陣取る。このポジション取りが運命の分かれ道。

［肉食］一歩間違えれば、オスはこのように捕食される可能性もあるのだ。

［命がけの交尾］
大成功！　でもメスが空腹だったら、
食いものにされていたかもしれない。

［産卵］
ホヤの中に産卵中のメス。口を大きく
開けて力をふり絞って卵を産みつける。

撮影地　静岡県沼津市大瀬崎（12～1月）

幼なじみとの恋——ナベカ

レモンイエローの体に特徴的な黒褐色の横帯が入るナベカ。あいきょうのある顔立ちと映える黄色が少し熱帯魚的で、浅い場所に住んでいることから夏の磯遊びでは子どもたちに大人気の魚である。

このナベカ、卵保護中のオスは気が強く、指を巣穴の前に差し出すと食いついてくる。そこから来た別名が「食いつき」。他にも多くの地方名があり、静岡県沼津市では、巣穴に隠れてはすぐに顔を出したり引っ込めたりする姿から「三島女郎《みしまじょろ》」と呼ばれている。

ナベカはもともと活発に泳ぎ回ることが少ない。幼魚期にいい場所に着底した個体は、一生を10平方メートルくらいの狭い範囲で過ごすこともあるようだ。近くに仲間はいるが群れは作らない。つまり小さい頃から上手に〝近所付き合い〟するのがナベカの生き方。そんな彼らも、恋の季節になるとオスは頭部を黒くさせた婚姻色になり、メスに気に入られるように巣穴の掃除に余念がない。

巣穴の前で一日中彼女が来るのを待つものもいれば、幼なじみの近くまで行って彼女の気を引こうと動き回るやつもいる。彼女のほうも途中まで彼を追うが、はたと立ち止まる。すると彼はまた彼女のところまで舞い戻る。そんな行動を何度も何度も繰り返すうちに、気づけば彼の家の前に……。すると彼は、タキシードに身を包んだかのように、上半身がいっそう深みのある黒色に変身！　彼女もそれに応えるように、レモンイエローの体にロイヤルブルーサファイアをちりばめたような青斑でドレスアップする。通常、求愛を受ける側は明確な婚姻色を出すことはないが、巣穴に入る直前、彼の前で一瞬だけ美しさで魅せる。幼なじみだったあの子が、大人の女性に変身する瞬間だ。

彼女とはご近所同士、幼稚園には手をつないで通園、小学校に上がっても道草しながら仲よく登下校。中学・高校になると異性を意識し始め会話も交わさないまま卒業して別々の進路へ。いつしか時が経ち、通勤電車に飛び乗った瞬間に目の前に立っていたのが幼なじみの彼女。おさげ髪だったあの子は息を飲むほどに美しい女性に成長し、一方ヤンチャ坊主だった彼は麗《うるわ》しいスーツに身を包み、二人ははっきりと異性を意識する。

狭い範囲に暮らすナベカの愛の流儀、それはお互いを意識しながら成長し、ある時を境に恋に変わっていく〝幼なじみとの恋〟そのものではあるまいか。

ナベカ

遭遇率　★★★

観察できる海

北海道南部以南〜九州南部、朝鮮半島南部、山東半島。波の当たるような磯の潮間帯や、タイドプールのオオヘビガイなどの空殻や岩の小穴に住む。

繁殖シーズン

房総半島以南では4月中頃〜、内湾や北日本では6月頃〜8月頃まで。日中、太陽が高い時間が最も求愛が盛ん。

撮影のコツ・難易度

生息域が3m以浅と非常に浅い場所が多いので、波の影響を受けにくい静かな場所が撮影に向いている。婚姻色を出しているオスを見つけることが重要で、その時に求愛シーンを見ることができる。求愛の動きはそう速くはないので撮影難易度は高くない。被写体は大きくても10cm程度なので標準系マクロ、望遠系マクロでの撮影が有効。

テーマ曲

「マイ・ピュア・レディ」(1977)
尾崎 亜美

［大掃除から始まる恋の季節］
オスは一生懸命に巣穴を掃除。

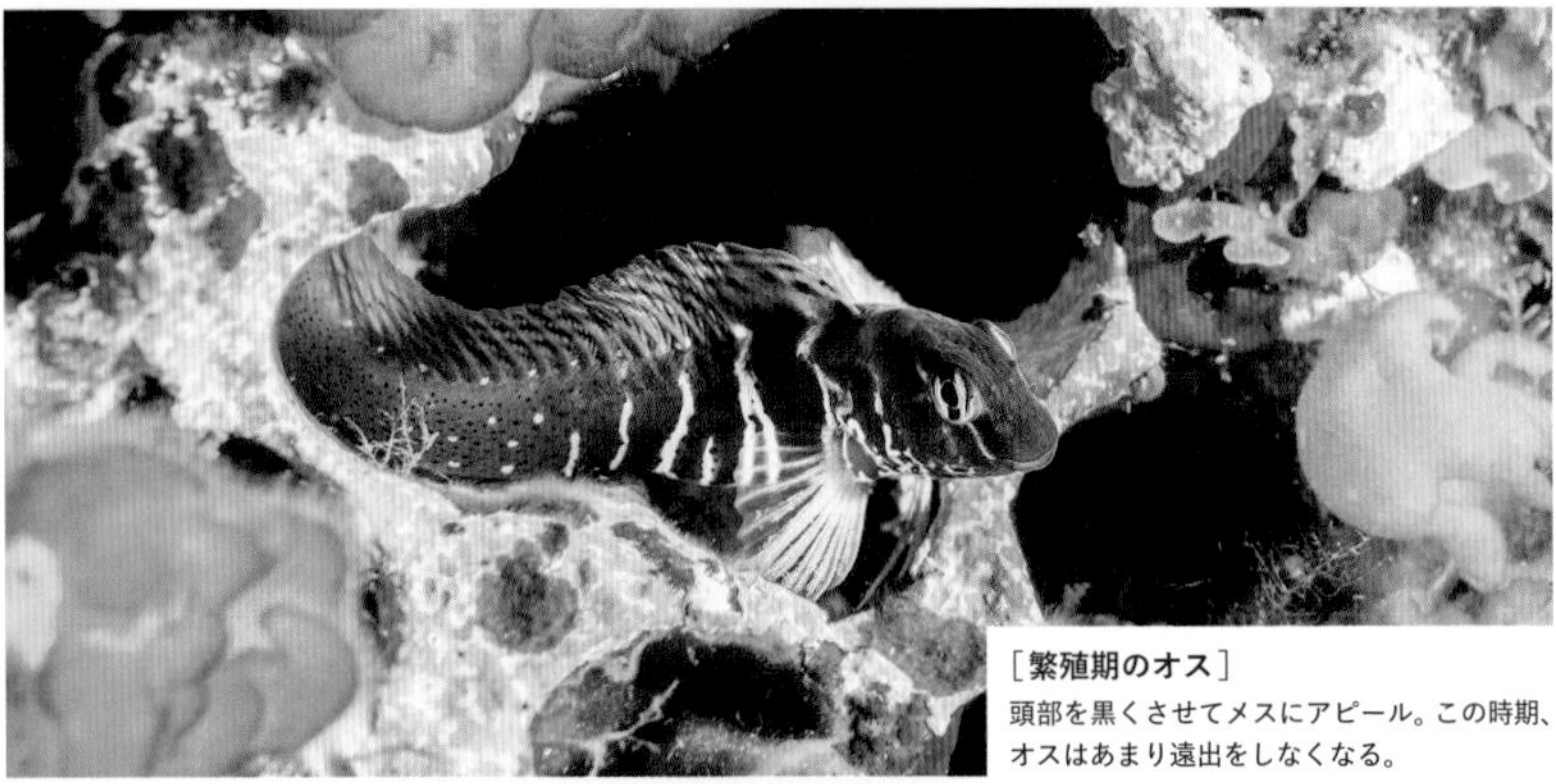

［繁殖期のオス］
頭部を黒くさせてメスにアピール。この時期、オスはあまり遠出をしなくなる。

［繁殖期のメス］
繁殖期のメスは盛んに動き回る。オスに比べて明確な婚姻色は出さないが、青斑が鮮やかになる。

メスの通常色

撮影地　山口県長門市青海島（5月）

［彼女をナンパ］
メスの気を引こうと近づくオス。

［求愛中］
オスの求愛を受け入れたメスはヒレを広げ、一瞬、美しい輝きを放つ。

X《クロス》——変わらぬ愛の形——イシヨウジ

　イシヨウジはタツノオトシゴ類の近縁で、ヨウジウオ科の魚類である。体長は20㎝ほどで、その名の通り、楊枝《ようじ》のように細長い体が特徴だ。また、尾ビレが赤く団扇《うちわ》のように丸いのも彼らのトレードマークである。腹ビレはなく、臀《しり》ビレもほとんどない。そして、尾ビレ以外の体色は淡い黄褐色や灰褐色で海底を這うように移動するため、海底の色に溶け込んで目立たない。また、オスの腹面には育児域と呼ばれる部分があり、メスは産卵時にここへ卵を付着させる。オスはこの育児域で卵が孵化するまで保護する生態を持っている。

　厳格な一夫一妻で、おもしろいのはその雌雄（夫婦）間で行われる「挨拶《あいさつ》行動」だ。挨拶の場所はそれぞれの夫婦によってほぼ決まっているといわれ、繁殖期、非繁殖期を問わず毎朝1回だけ、日の出後に決まった相手とだけ行う。そこでは見つめ合ったり、お互いの体をX字状に重ねる「Cross《クロス》」と呼ばれる行動をする。短い時で4～5分、長いと30分以上にもなり、オスが婚姻色を出すこともある。産卵確実と思って追いかけると、挨拶だけで終わることもあり、なかなか見分けがつかずやっかいなのだ。そして、挨拶の時以外はバラバラに行動していて、接触することすらほとんどなく、ある意味理想の夫婦像なのかもしれない。

　東の空が朝焼け色に染まる頃、薄暗かった海底が少しずつ明るさを増していく。斜光線が差し込み始めると、さぁ、彼らも起きだしてパートナーと挨拶を交わす時間がやってくる。「やぁ、おはよう」彼は自分の顔を彼女の顔に近づける。「おはよう、今日もいい天気ね」と彼女から挨拶返し。体をX字状に重ねる姿は、まるで新婚夫婦の朝のスキンシップのよう。彼が前に進むと、彼女が彼を追い越すように少しだけ前へ進む。挨拶が終われば、次は二人並んで朝食の時間だ。

離れず朝食をとる彼らは産卵を控えたペアで、これからが本番。二人は体を交差させたり、並んで移動したりするうちに、彼は喉元に婚姻色を出す。そして体を海底から起き上らせるようにして、「へ」の字状になって彼女にアピールし始める。はじめのうちは消極的だった彼女も、いつしか彼をリードするようにフワ〜っと体を浮かせ、「私の愛を受け取って」とばかりに立ち泳ぎになって応える。彼もいっしょになってフワ〜っと体を浮かせる。お互いに長い肢体をくねらせクロスさせながら向かい合った瞬間、彼女は彼の育児域に卵を産みつける。それはあっという間の出来事だ。

静かな朝、挨拶から始まり、X《クロス》で永遠の愛を誓い合う。イシヨウジたちが交わす愛の流儀は、生涯続く夫婦の絆そのものだ。

イシヨウジ

遭遇率　★☆☆

観察できる海

相模湾以南、南西諸島、インド・太平洋域に分布。水深20m程度までのサンゴ礁や岩礁域、特に平坦で砂礫底《されきてい》があるような場所に多い。求愛・産卵も同じ場所で見られる。

繁殖シーズン

分布域が広いため幅がある。大まかには4〜8月だが、水温が18℃以上になると活発化する。しかし、日常の挨拶行動と繁殖行動の違いを見極めるのは難しい。動きが少なく海底を這うように動き、行動範囲はあまり広くはないので、個体数が多い場所を探すのが重要。

撮影のコツ・難易度

求愛・産卵は明け方から午前中にかけて行われるが、季節によって時間帯が異なる。挨拶行動だけの場合もあり、撮影チャンスはやや少ない。求愛自体はゆっくりだが、産卵は素早く難易度は高い。細長い魚体のため、被写界深度が深い標準系マクロレンズかミドルワイドレンズが有効。

テーマ曲

「Here Comes the Sun」(1969)
The Beatles

［産卵直前のダンス］
産卵直前、お互いに体を伸ばすようにしてダンスを始め、安全確認をするかのように二人で周囲を見回す。

［朝の挨拶］
顔を寄せ合うのが彼らの朝イチの流儀。

[挨拶行動Cross]
繁殖時には、時間の経過とともにメスが積極的にオスの上に体を乗せるようになる。

[卵の受け取りOKサイン]
オスがメスの上にクロスすると、いよいよ産卵が始まる。

[求愛のクライマックス]
お互いにフワ〜っと体を浮き上がらせる。この行動は産卵の準備が整った証拠だ。

[産卵直後]
体を完全に海底から浮き上がらせて、向かい合うようにメスがオスの育児域に卵を産みつける。まるで愛のダンスのようだ。

 撮影地 鹿児島県南さつま市笠沙（4〜7月）

愛のミステリーサークル――アマミホシゾラフグ

海底に幾何学的な模様の産卵床を造る姿が数々のメディアに紹介されてきたアマミホシゾラフグ。２０１１年、水中写真家・大方洋二氏によって産卵床を造る姿が初めて撮影され、２０１４年に新種と判明。背中の白い水玉模様と腹部の白色と銀白色の水玉模様が奄美大島の星空を連想させることから、アマミホシゾラフグと名づけられた。２０１５年には「世界の新種トップ10」にも選定されている。

最大15㎝ほどの小さなフグが直径２ｍにもなる産卵床を造る。その幾何学的模様はミステリーサークルさながらだが、彼らの流儀もまたミステリーに満ちている。

産卵場所には一定の法則がある。まず、海底の質。卵がうまく砂につかなくてはならないので、泥っぽくなく、小石が混ざらない、いわゆる砂漠のような砂地が選ばれる。次に水深。これは風波の影響を受けにくい水深20ｍ以深。さらにハッチアウトした仔魚が有効に分散できるよう、潮通しがいい場所。さらにもう一つ、岸沿いの岩礁やサンゴ帯から離れて見えないほどの場所。逆に岩礁に近く、多くの魚が生息する場所では、産まれたばかりの仔魚が狙い撃ちに合ってしまうからだ。

これらの条件を満たす場所に産卵床を造ることになるのだが、その広大な砂地でオスとメスはどのように出会うのだろうか。産卵床付近をよく見てみると、近くには必ず小さな岩が点在している。オスたちはなぜか、この転石帯がうっすら見える場所に執着する。近すぎても、見えないほど離れていてもダメ。もしかしたら、これが出会いの場としてのランドマークになっているのではないだろうか。好条件の場所はかなり高倍率となるが、オスは何とか造営場所を決め、約1週間近くかけて新居を完成させる。

産卵床が完成した翌日早朝、いよいよ彼女を招き入れる時がやってきた。彼は愛の巣の外側に出て、様子見にくる彼女を探す。だが、全身全霊をかけて造ったからといって、うまくいくとは限らない。よく、畝《うね》をより多く造ったほうがモテるといわれてきたが、どうもそれだけではないようだ。決め手はなんと畝の装飾品！　彼は小さな貝殻をそっと散りばめている。なんともニクイ演出ではないか。さらに中央のマウンド部がふかふかになっているかどうかも重要なポイント。彼女は慎重に愛の巣を見定める。マメで几帳面な彼が造った愛のサークル、その真ん中に彼女が陣取る。すると、彼は後方からそっと近づき、彼女の頬《ほお》に甘噛み。これがゴールインの証しだ。

彼女のおめがねにかなう緻密なサークル、そこにそっと宝石を散りばめる——これがアマミホシゾラフグたちの愛の流儀である。

アマミホシゾラフグ

遭遇率　★★☆

観察できる海

奄美大島沿岸

繁殖シーズン

５～７月頃が繁殖盛期で、オスが５～６日かけてサークルを造る。産卵は午前中にはほぼ終了し、オスはハッチアウトまで卵を保護する。産卵は潮汐と密接に関係しており、現地のダイビングサービスが把握している。

撮影のコツ・難易度

産卵行動が確認されるまではガイドの指示に従う。メスがサークルに侵入してくるルートをふさがないようにすれば、産卵を見られるチャンスが多くなる。標準系マクロ、望遠系マクロともに有効だが、サークル全体を撮影するならワイドレンズがお勧め。

テーマ曲

「When You Wish Upon A Star（邦題：星に願いを）」(2017)
Vera Lynn & Cynthia Erivo

［畝造り］
オスはほとんど食事も取らずに、胸ビレ、尾ビレを使ってサークルを造営する。

［産卵床造営初日］
棟上げ式。産卵床は再利用することはなく、すべて新築物件である。

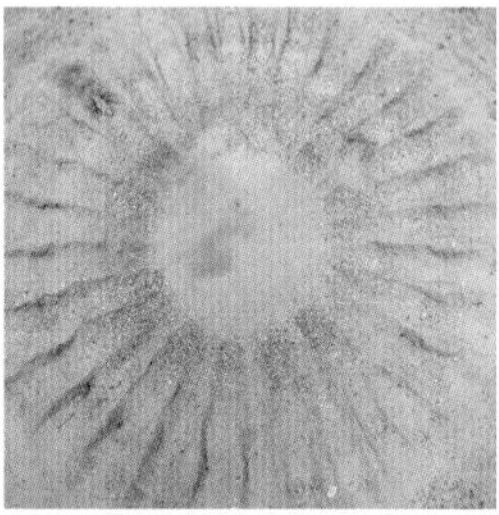

［産卵床造営 3日目］
だんだんサークルらしくなってきた。

［産卵床造営 最終日］
中央部のシワは産卵前日に造り始め、夕方にはできあがる。このシワは産卵床完成をメスに伝えるサインでもある。

［産卵］
産卵のサインは、ほっぺカミカミ。こうすれば大事な瞬間にメスと離れることはない。

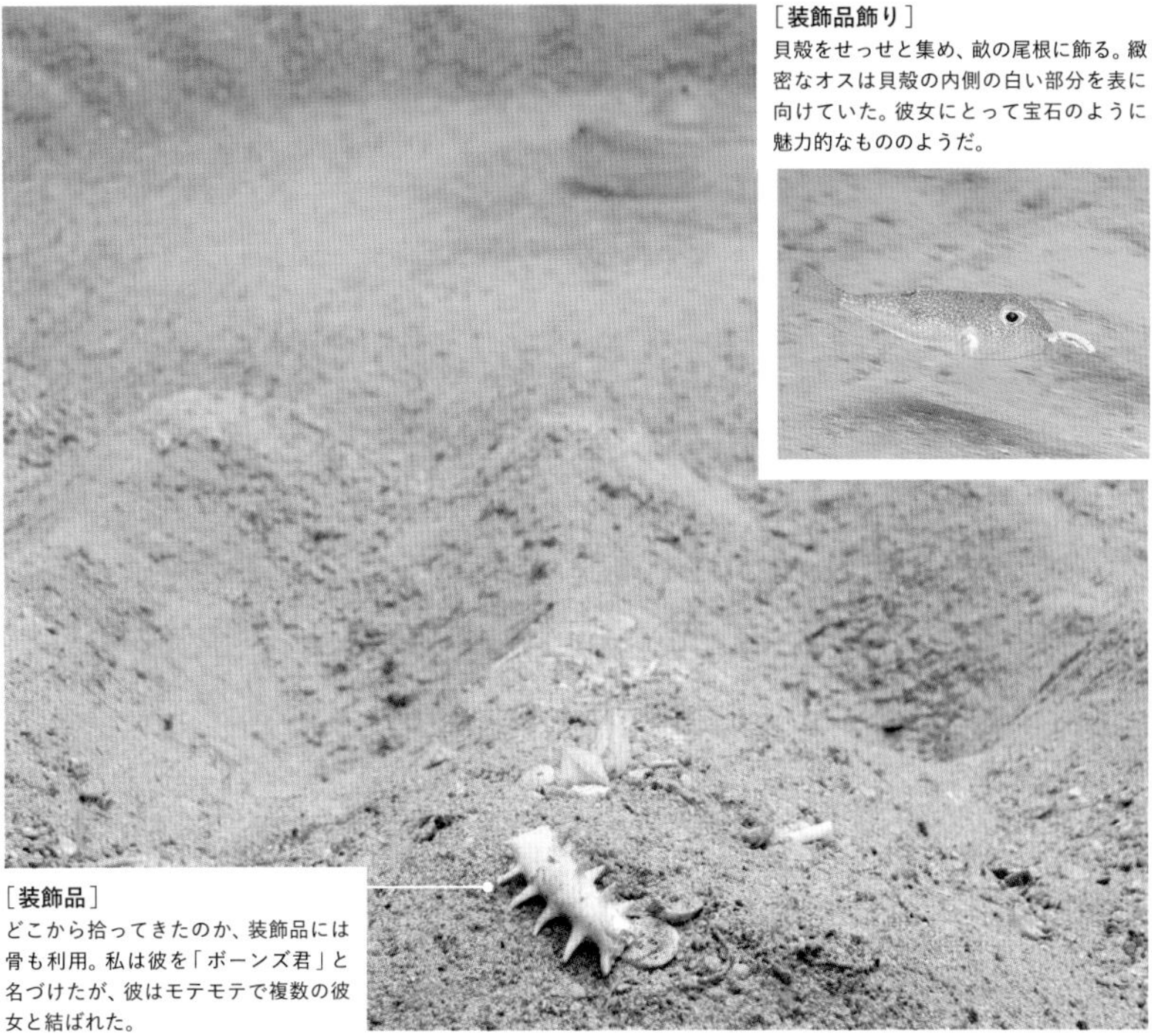

［装飾品］
どこから拾ってきたのか、装飾品には骨も利用。私は彼を「ボーンズ君」と名づけたが、彼はモテモテで複数の彼女と結ばれた。

［装飾品飾り］
貝殻をせっせと集め、畝の尾根に飾る。緻密なオスは貝殻の内側の白い部分を表に向けていた。彼女にとって宝石のように魅力的なもののようだ。

撮影地　鹿児島県大島郡瀬戸内町（6月）

番外編　モテる男のサークル設計術

これまでアマミホシゾラフグのサークルは、畝の数がより多く、装飾も多い方がモテるといわれてきた。だが、サークルをつぶさに観察したところ、どうやら畝の数や装飾の有無よりも、畝にのせる装飾のやり方がメスの獲得に大きな影響を与えることが見えてきた。

装飾には貝殻などが使われるのだが、ただ置けばいいというわけでもないらしい。いくら小さな貝殻や小石が多くてもだめで、少し大きめのものが遠目からでも目立つように置かれているかがポイントのようだ。さらに、それらが放射状に置かれている、つまり多方向から目立つかどうかも大きなカギとなっているようである。

ところで、「目立つ」といっても彼らの眼は私たち人間とは違う。なぜ、私がこのモテる条件に気づいたのか——眼を細めたり、寄り目にしたり、いろいろ試してみたところ、決定的だったのは、サークルから一歩引いて全体をモノクロで撮影した画像を見た時だった。モテる男ボーンズ君のサークルは貝殻の内面側、つまり白い面がいちばん多く置かれていたのである。白色は彼らの眼には「目立つ」ということなのだろうか。いずれにしても、白と黒で構成されるモノクロ写真だからこそ見えてきた事実である。

サークルの造営場所も含めて、モテるかどうかは一つの要素だけではなく、複数の要素が複雑に絡み合っているように思われる。男女の仲が一筋縄ではいかないのは、魚も人間も同じなのかもしれない。

畝の数はどちらも30本、サークルの直径はほぼ同じ

同じタイミングでサークルを造り始めたオスたち。当初、畝の美しさや貝殻装飾量から、モテない君（上）の方が出来がよく、この産卵床が本命と考えていた。そのためボーンズ君（下）の産卵直前（中央部にシワが入った状態）のカットは撮影していない。

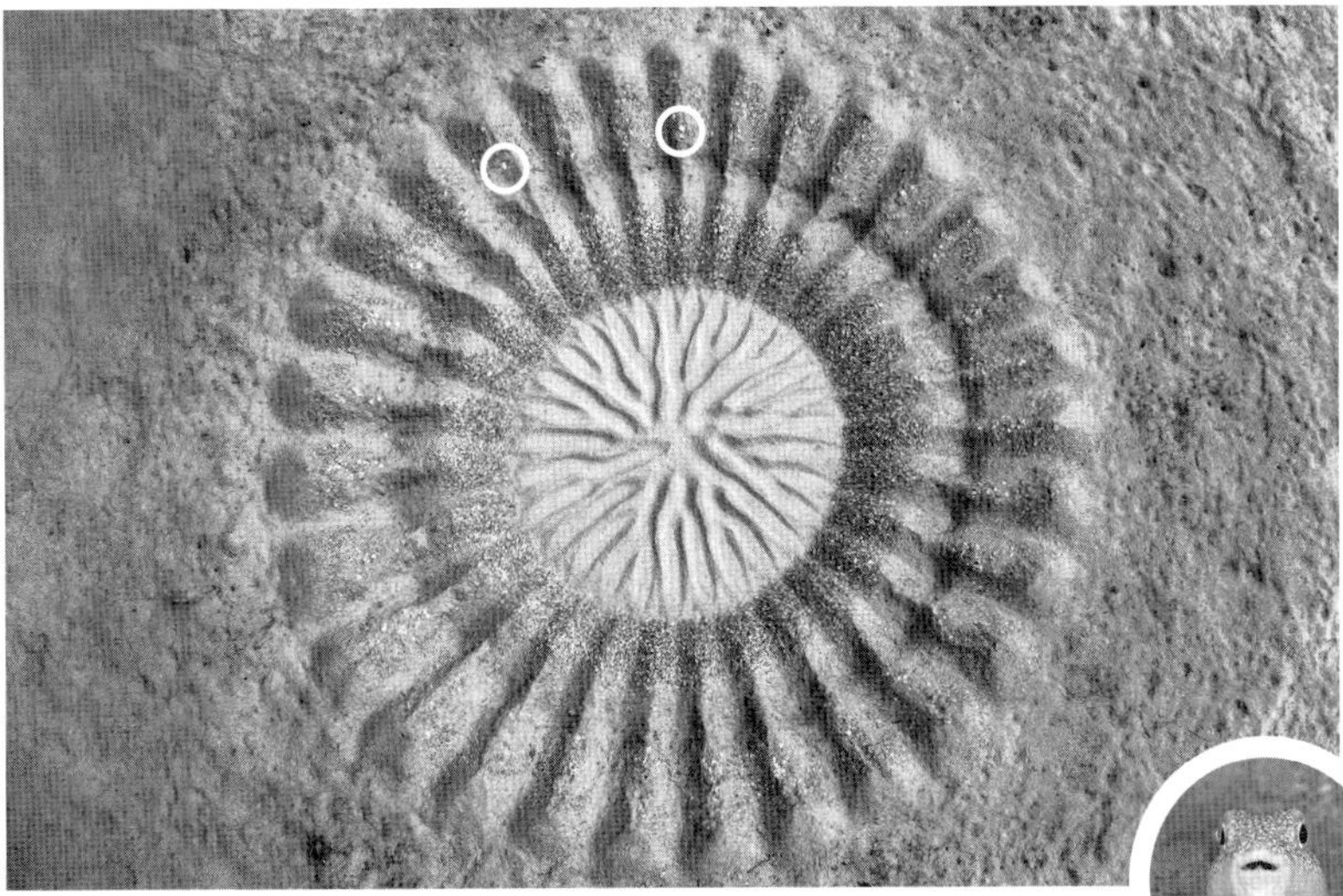

［**モテない君作**］

装飾はされているが貝殻の内側が表向きではなく、目立つ装飾が少ないのがわかる。チェックした8個のサークルでは最も造形的に美しかったが、このサークルにメスが来ることはなかった。

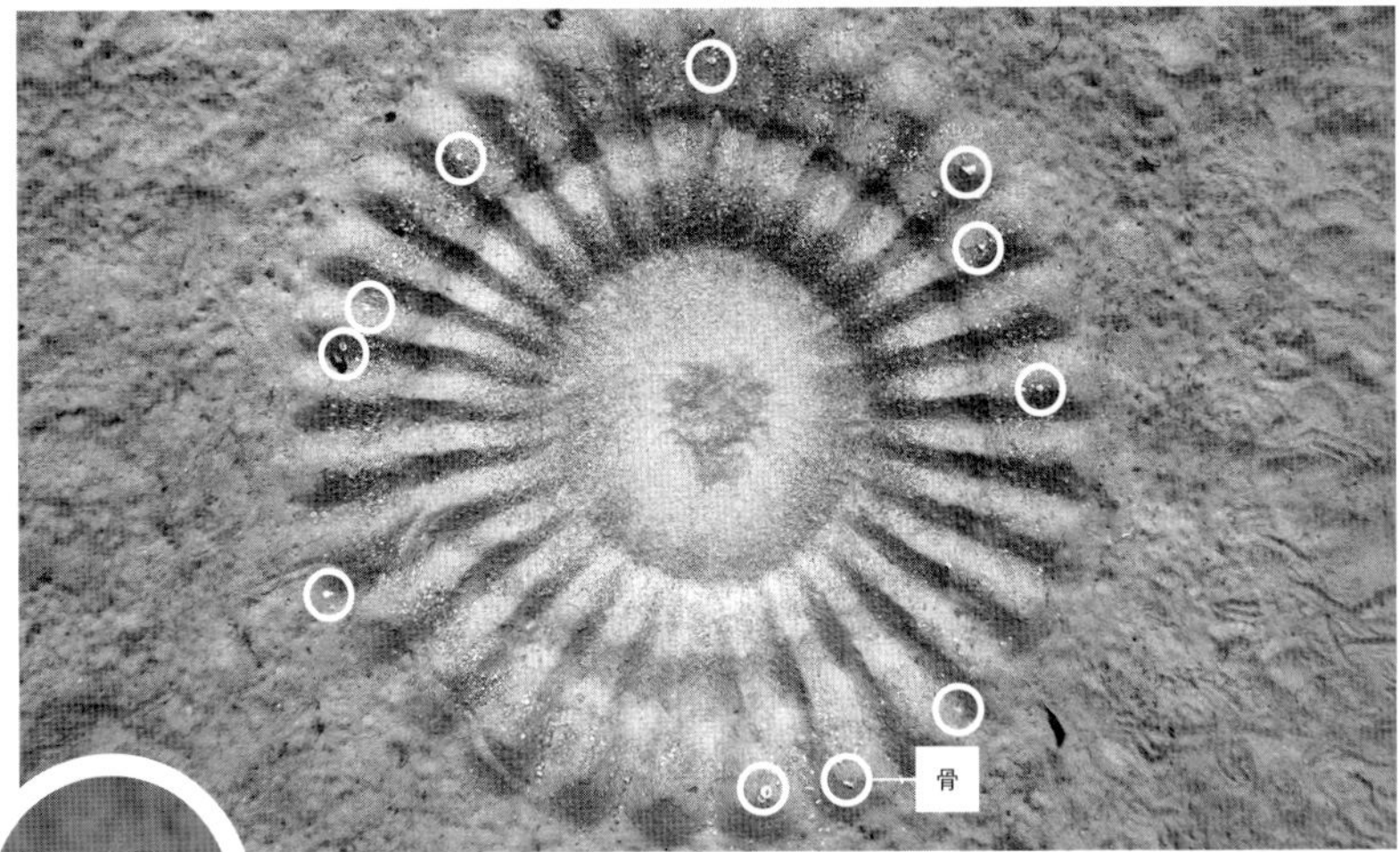

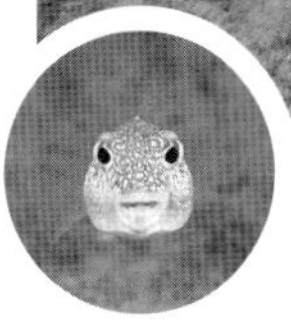

［**ボーンズ君作**］

2匹のメスが産卵に来ていた（中央部にシワがないのは、すでに産卵が始まった証拠）。モテない君と比べると、白く目立つ貝殻などが明らかに多く、全周に配置されている。魚の骨もポイントだろうか。

チャンスを逃さない機材と心得

❶ レンズとライトの選び方

レンズの選択は、表現の仕方によって変わってくる。ワイドレンズは特徴的な生育環境や大自然の営みを写し込む時に使いたい。やや大きな被写体を狙うのならばミドルワイドと呼ばれる35㎜程度のワイドレンズが有効だ。マクロレンズは被写体に寄れることから生態撮影では必需品。望遠系マクロレンズと呼ばれる焦点距離100㎜程度のマクロレンズはやや離れた場所から被写体を狙えるので、被写体にストレスを与えることなく素の表情を撮影できる。一方で、50〜60㎜の焦点距離の標準系マクロレンズは、望遠系マクロレンズに比べてピントの範囲が深いのが特徴で、ペアを撮影するには有効だ。

マクロ撮影機材

60mmマクロレンズ＋一眼レフ（Nikon D810）の標準的な仕様。特に水中重量やバランスを重視している。左側アームには安全管理のためにフラッシュライトを、右側のアームにはバックアップのダイビングコンピューターを取り付けている。また、連写しやすいようにハウジング内のシャッター部にゴムシートを追加し、ストロークを少なくするなど改良している。

ワイド撮影機材

一眼レフでもワイド撮影を行うが、コンデジ（Sony RX100）は小型の上、マニュアル露出とマニュアルフォーカスが使え、使い勝手がいいことからマクロ・ワイドともに出番が多い。モニターやファインダーを見なくても一瞬のチャンスを撮影できるように、特殊な外付けファインダーをアクリル版で自作し、装備している。

その他の必需品としては、薄暮の中でも正確にピントを合わせるためのライト、いわゆるフォーカスライトがある。動き回る被写体には、照射光の死角ができにくい広範囲を照らせるライトが望ましい。ただし、強い光は生き物に警戒心を与えることがあるので光量調整機能がついているものがいい。さらに水中生物にストレスを与えにくくする「赤ライト機能」は生態撮影には特に有効だ。

❶ 極狭角 赤フィルター（自作）
❷ 白スポット＋白ワイド＋赤色 切り替え機能付き
❸ 専用赤フィルター取り付け
❹ 探索用 白＋赤 切り替え機能付き
❺ 探索用 白スポット
❻ 白スポット（バックアップ）

準備しておきたいライト

撮影の補助に使うターゲットライトは赤色の発光パターンが選択できるとチャンスに強い。フォーカスライトは被写体との距離を変えても光がカバーできるワイドタイプが使いやすい。探索用には狭い範囲を照らすスポットタイプの方が意識を集中しやすい。なお、バックアップライトは必ず装備しておきたい。

レンズによる画角作例

60mm

標準系マクロといわれる、60mmマクロレンズで撮影した画像。下写真の105mmマクロと同じ距離からの撮影。被写界深度を深くとれるのでペアの姿を捉えるのに最適。

15mm

15mmワイドレンズで撮影。広い画角と深い被写界深度が魅力の超広角レンズだ。生息環境全体を写し込め、臨場感も取り入れることができる。

105mm

望遠系マクロと呼ばれる105mmレンズで撮影した画像。被写体との距離が適度に保たれるので警戒心を与えにくい。被写体が明確になるのでその迫力も魅力。

28mm

28mmワイドレンズで撮影。生き物自体と生息環境の両方を入れ込みたい場合は、ミドルワイドと呼ばれる28～35mmレンズが向いている。

❷ 生態撮影に必要な機材とは

「生態の瞬間を撮影するためには、どのような機材が必要か」と問われることがある。その答えは「ごくごく一般的な撮影ができるカメラで十分です」と伝えている。確かに高性能なカメラならばオートフォーカス性能が高く、シャッターを切ってから撮影までの時間、すなわちシャッタータイムラグも短くなるので、有利であることは間違いない。しかし、最も大切なのは「機材を使いこなすこと」ではないだろうか。

生態撮影には、事前に目的を決めてから撮影するパターンと、予期せぬ出会いから始まるパターンがある。前者の場合は心の準備も、撮影機材の事前選定もできるが、後者は不意にチャンスが訪れるために、目をつぶっていてもカメラ操作が確実にできるほど使いこなせることが理想である。オートフォーカスかマニュアルフォーカスかの切り替え、カメラやストロボの操作、どの絞り値ならどれくらいの被写界深度になっているかを即応できるようにしておきたい。それには、日常的に料理や道端の花などを撮影し、被写界深度のイメージを身につけておくことが大切で、いい練習になる。機材を使い慣れること、自分自身の基本設定を身に着けておくことが、失敗の確率を大きく下げることにつながる。

❸ エラー率を減らす2つの方法

その他にもミスを防ぐために簡単で効果絶大なのは、カメラハウジングのグリップを太くすること。私はビニールテープやゴムブロックで既存のグリップに肉付けし、最後に自己融着ゴムテープを巻いている。こうすることで、ホールド力が格段に上がり、微細な手ブレすらも抑えられる。

もう1つ、水中重量の軽減も大切だ。フロートを利用し、全体的にマイナス50〜100g程度に仕上げること。「軽くしてしまうと手ブレを誘発するのでは?」と思うかもしれないが、水の抵抗によってカメラはブレない。シャッターチャンスを逃さないためには、長時間ハウジングを構えていても腕が疲れたり、痛くならないよう対策したい。

「グリップを太くする」「ハウジングの水中重量の軽減」この2つの改良は、自身で約2000カット以上の撮影テストからエラー率を導き出し、達した結論でもある。

グリップを太く改造
太めのドライバーなら軽い力でネジを締め込むことができるのと同じで、太めのグリップなら弱い力加減でもしっかりとカメラをホールドでき、いざというときの手振れ軽減にもつながる。これは女性など手の小さめな人なら尚のこと有効である。

フロートアームで重量軽減
意外かもしれないが、水中重量が軽い方が手振れが減り、ピントの精度が格段に高くなる。フロートアームはバランスがよく、調整もしやすい。アームにボール状の浮き（フロート）をひもで取り付ける方法もあるが、流れや動作で振れてしまうデメリットもある。

おわりに――Be water

私が大切にしている言葉に「Be water（水になれ）」がある。映画史上最高のアクション・スターであり武道家でもあったブルース・リー氏が残した言葉で、〝先に形を決めず、柔軟性を持て〟というメッセージだ。

私が思うに、自身の知識に固執しすぎたり、過去の事例にとらわれすぎないことが、新たな写真表現の創造や新事実の発見につながるのではないだろうか。

産卵などの決定的瞬間をうまく撮影できた時はこの上ない達成感を得られるが、それよりもちょっとした仕草や表情こそが人々に訴える力を持つこともある。生態を観察・撮影する上で、型にハマることなく些細な事実を見逃さず、臨機応変に対処することではじめて見えてくるものもあるだろう。

たかが海の生き物と思うなかれ。彼らの繁殖行動の中には本能だけでは片づけられない何か――恋や愛といったものがあるというのは言い過ぎだろうか。私は、そんな彼らの愛を感じさせる写真を残していきたいと思っている。

本書をきっかけに、生き物の観察や生態撮影に挑戦する友に、

この言葉を贈りたい。

Be water, my friend. —— 友よ、水になれ。

アカオニナマコの放精を撮影中、それを食べにきたニラミギンポ。命をつなぐそれぞれのドラマを垣間見た瞬間だった。

用語の解説

全体

〔**学名**〕学術的な目的で、生物につけられる世界共通の名称。ラテン語形で、属名と種小名の2語からなり、亜種があるものは亜種小名を加えた3語からなる。

〔**標準和名**〕日本で学名の代わりに用いられる生物の学術的名称。発音がしやすい、意味を容易に理解できるなど、学名の短所を補う。

〔**仔魚・幼生・稚魚**〕魚類の成長過程の1つで、仔魚は孵化した直後の姿、幼生のこと。その後、各ヒレの鰭条《きじょう》が出現した段階を稚魚という。

〔**雌性先熟型**〕生まれた時はメスで、成長後にオスに性転換するタイプ。

〔**雄性先熟型**〕生まれた時はオスで、成長後にメスに性転換するタイプ。

〔**縄張り**〕個体やグループが他の生物から防衛し占有するエリア。テリトリーともいう。巣を作り、安定的に生活ができる。年間を通して縄張りを持つものと、繁殖期だけ形成するものがいる。

〔**死滅回遊**〕海流に乗って本来の分布域ではない場所まで流され、死んでしまうこと。繁殖できないので「無効分散」ともいわれる。

求愛

〔**求愛行動**〕産卵や交尾・交接の前に異性に対して行う行為。体側誇示、ナズリング、Uスイミング、ウエイブ・スイミング、クロスなど多種多様。オスが行うことが多いが、産卵や卵保護などでリスクを負う側が求愛を受けるのが基本。

〔**婚姻色**〕繁殖期に出す、平常時とは異なる体色や斑紋などの模様のこと。興奮色の1つだが、闘争時などの興奮色とは異なる種もいる。

〔**体側誇示**〕求愛や威嚇のために自分の特徴を強調したり、大きく見せる姿勢や動きをして、自身を誇示すること。

〔**ナズリング**〕産卵前にオスがメスの下に回り込み、口をメスの腹部につけること。

〔**ランデブーサイト**〕縄張り内にある、オスとメスが集まる待ち合わせ場所のようなところ。大きな岩や、目立つヤギやトサカがあることが多い。

〔**スニーカー・スニーキング**〕縄張りを持てず、ほとんどは小さくてこそこそとしたオス。スニーカーが縄張りオスの目を盗み、密かにメスに求愛し、ペア産卵を行うことをスニーキングという。見つかると闘争になることも。

繁殖

〔**交尾・交接**〕生殖器どうしを直接つなげて繁殖する場合は「交尾」、それ以外の方法で体内受精させる場合は「交接」。

〔**放卵**〕水生動物のメスが卵を体外に放出すること。

〔**放精**〕オスが受精のために精子を水中に放出すること。水中で体外受精され、発生が進行する。

〔**ペア産卵**〕オス・メス1つがいで行う産卵。

〔**集団産卵**〕1匹のメスが放卵する時に複数のオスがいっせいに放精すること。

〔**産卵サイト**〕産卵を行う場所で、ランデブーサイトと重複する場合が多い。

〔**産卵床**〕卵を産みつける基盤。産卵直前になるとこの基盤を整えることが多く、撮影の目安にもなる。

〔**卵保護**〕発生まで親魚が卵を保護すること。産卵床で保護することが多いが、持ち歩くこともある。また、オスが育児嚢や育児域で保護したり、口の中で保護する口内保育などもある。

〔**放仔**〕孵化直後の仔魚や稚魚を水中に放つこと。ハッチアウトともいう。

協力（敬称略）

ダイビングショップNANA（神奈川）、いとう漁業協同組合 川奈支所、ネイチャーイン大瀬館、大瀬館マリンサービス、ダイバーズプロ アイアン（以上、静岡）、海遊（富山）、TRUE COLOR、ダイブサイト シードリーム（以上、三重）、須江ダイビングセンター、日高ダイビングセンター（以上、和歌山）、Love & Blue、シーアゲイン、青梅キャンプ村船越、青海島キャンプ村（以上、山口）、柏島ダイビングサービスAQUAS、柏島ダイビングサービスSEAZOO（以上、高知）、長崎ダイビング連絡協議会、辰ノ口ダイビングサービス ブルーアース21長崎、DIVE SHOP SMILERS（以上、長崎）、水俣ダイビングサービス SEA HORSE（熊本）、Scuba Diving Shop SB（鹿児島）、ダイビングサービス スタジオーネ（奄美大島）、GORILLA HOUSE（沖縄本島）、エスティバン（久米島）、ダイブサービスYANO（西表島）、ガイド会

株式会社イノン、株式会社エーオーアイ・ジャパン、株式会社シグマ、株式会社ゼロ、ダイバー株式会社、株式会社タバタ、二十世紀商事株式会社、株式会社フィッシュアイ、食彩活菜（富山）

櫻井季己、中島賢友、本間 了

写真協力（敬称略）

中村宏治・小川智之

参考資料

阿部秀樹 著 『魚たちの繁殖ウォッチング』（誠文堂新光社、2015年）

上田恵介、小宮輝之、大渕希郷 監修 『Act of Love』（Human Research、2015年）

瓜生知史 著 『生態観察ガイド 伊豆の海水魚』（海游舎、2003年）

小川智之、根本有希 著 『Underwater analysis of reproductive behaviour and egg development of the jawfish *Opistognathus iyonis*』（ニラミアマダイ論文、2023年）

中村宏治、ジャック・T・モイヤー 著 『さかなの街』（東海大学出版会、1994年）

長谷川眞理子 著『クジャクの雄はなぜ美しい？』（紀伊國屋書店、1992年）

長谷川眞理子 著『オスの戦略メスの戦略』（日本放送出版NHKライブラリー、1999年）

Correlated Evolution of Female Mating Preferences and Male Color Patterns in the Guppy *Poecilia reticulata*. ANNE E.HOUDE and JOHN A.ENDLER Authors info & Affiliations.

Evolution of correlated complexity in the radically different courtship signals of birds-of-paradise. RUSSELL A.LIGON,CHRISTOPHER D.DIAZ,JANELLE L.MORANO,JOLYON TROSCIANKO ,MARTIN STEVENS,ANNALYSE MOSKELAND,TIMOTHY G.LAMAN,EDWIN SCHOLES III

著者
阿部秀樹

1957年神奈川県生まれ。22歳でダイビングを始め、数々の写真コンテストで入賞を果たした後、写真家として独立。国内外の研究者とも連携した水中生物の生態撮影は国際的にも高く評価されている。さらに浮遊生物、夜の海、魚食などをテーマに精力的に撮影。主な著書に『魚たちの繁殖ウォッチング』(誠文堂新光社)、『美しい海の浮遊生物図鑑』(文一総合出版)、第23回学校図書館出版賞を受賞した『和食のだしは海のめぐみ(昆布)(鰹節)(煮干)』(偕成社)など多数。

海《うみ》の生《い》き物《もの》が魅《み》せる　愛《あい》の流儀《りゅうぎ》

2024年4月23日　　初版第1刷発行

発行者　斉藤 博
発行所　株式会社 文一総合出版
〒162-0812　東京都新宿区西五軒町2-5
tel. 03-3235-7341(営業)　03-3235-7342(編集)
fax. 03-3269-1402
https://www.bun-ichi.co.jp/
振　替　00120-5-42149
印　刷　奥村印刷株式会社
編　集　坂部多美絵・鈴木展子
デザイン　窪田実莉
P　D　鈴木利行

ISBN978-4-8299-7251-9　NDC480　Printed in Japan